首相官邸の前で

Eiji OGUMA
小熊英二

Tell the Prime Minister

集英社インターナショナル

首相官邸の前で

Tell the Prime Minister, ©2017 Eiji OGUMA, is first published in Tokyo in 2017 by Shueisha International Inc.

The DVD accompanying this book is authorized for private use only.
All other rights are reserved.
To screen this DVD in public and the classroom for educational use,
please email the agent of the copyright proprietor,
UPLINK Co.at ⟨film@uplink.co.jp⟩.

もくじ

まえがき ……………………………………………………… 4

忘れっぽいこの国で、記憶を共有し、
未来の社会を成すために ……………… 7
小熊英二×高橋源一郎

新しい社会運動のかたち ……………………… 29
監督インタビュー①

100年後の視点から作った映画 …………… 63
監督インタビュー②

人間と社会の変化 …………………………………… 91
観客とのアフタートーク

震災後日記 ………………………………………………… 111
2011.3.11〜2012.9.16

波が寄せれば岩は沈む ………………………… 137
福島原発事故後における社会運動の社会学的分析
＊
不安定、政治の危機、社会運動 …………… 197
シカゴ大学およびUCLAでの講演
Instability, the Crisis of Politics, and Social Movements

あとがき ……………………………………………………… 232

まえがき

　私は、この出来事を記録したいと思った。自分は歴史家であり、社会学者だ。いま自分がやるべきことは何かといえば、これを記録し、後世に残すことだと思った。

　そのために、原発事故後に日記を書きとめ、脱原発の抗議運動を調査し、論文を書いた。首相官邸前が、抗議の人々であふれたときは、その光景に驚かされた。それを記録する映画を作り、『首相官邸の前で』という題名で公開し、対談やインタビューに応じ、世界各地を上映と講演のために訪ねた。そうした論文その他と、映画のＤＶＤをまとめたのが、本書である。

　映画を撮ったことはなかった。映画作りに関心を持ったこともなかった。しかし、過去の資料の断片を集めて、一つの世界を織りあげることは、これまでの著作でやってきた。扱うことになる対象が、文字であるか映像であるかは、このさい問題ではなかった。

　いうまでもないが、一人で作った作品ではない。同時代に現場を撮影していた人びと、インタビューに応じてくれた人びとが、すべて無償で協力してくれた。

ここに記録されている現象の主役は、それに参加した人びとすべてだ。その人びとは、性別も世代も、地位も国籍も、出身地も志向もばらばらだ。そうした人びとが、一つの場につどう姿は、稀有のことであると同時に、力強く、美しいと思った。

　そうした奇跡のような瞬間は、一つの国や社会に、めったに訪れるものではない。私は歴史家だから、そのことを知っている。私がやったこと、やろうとしたことは、そのような瞬間を記録したという、ただそれだけにすぎない。

　いろいろな見方ができる記録であると思う。できれば映画を見た後で、他の人と、率直な感想を話しあってほしい。作品に意味を与えるのは観客であり、その集合体としての社会である。そこから、あなたにとって、また社会にとって、新しいことが生まれるはずだ。

小熊英二

映画『首相官邸の前で Tell the Prime Minister』
おもな登場人物　Cast

菅 直人 Naoto KAN
福島原発事故当時の首相
Minister at time of disaster
「私が総理という立場にあったときにあんな事故が起きたというのは、ある意味での天命ですから」

服部至道 Noirimichi HATTORI
育児用品会社経営
CEO of Nursery Item Company
「私がどうして運動家になってしまったのかという反応もありました。もともとそんなタイプじゃなかったので」

亀屋幸子 Sachiko KAMEYA
福島第一原発から1.5Kmに住んでいた主婦
a housewife who lived 1.5km from the Fukushima No.1 unclear plant.
「私は、今すぐにでも故郷に帰りたいんです。帰れないのがわかっていても帰りたいんです」

ミサオ・レッドウルフ Misao Redwolf
イラストレーター、アクティビスト
Ilustrator / Activist
「私が会議の中で言ったのは『もう、経産省から官邸に、抗議の場所を移すしかないよね』ということ」

ヤンシタ・ヒン Jacinta HIN
アメリカ系企業採用担当マネージャー
Recruitment manager of a U.S affiliated corporation
「日本で大切なのは、意見を自分や身内の中に隠して、波風が立つ話題を避けること」

木下 茅 Chigaya KINOSHITA
病院事務員
Hospital Worker
「病院というのは、患者さんを避難させないかぎり、自分たちだけでは逃げられないんですよね」

吉田理佐 Risa YOSHIDA
小売店販売員
shop clerk
「あんな原発事故があったのに、誰も抗議もしない国ということになっちゃうのかなと思って」

小田マサノリ Masanori ODA
アーティスト、アクティビスト
Artist / activist
「議員と話すなんて、アナーキストの風上にも置けないようなことなわけですよ」

忘れっぽいこの国で、記憶を共有し、未来の社会を成すために

小熊英二×高橋源一郎

「自発的に、心底本気でやっているものが好きです」(小熊)

高橋源一郎（以下、高橋） 今日は僕がインタビュアーになって、小熊さんに話を聞いていきたいと思います。小熊さんは非常に優れた学者ですが、映画制作については素人ですよね？ だから、僕はこの映画『首相官邸の前で』を観る前、かなり不安でした（笑）。知り合いでもあるし、もしつまらなかったらどうしよう、と。お世辞なんか言っても、すぐにわかってしまうし、試写会に行く前に悩んだんです。でも、観始めて10分ぐらいでホッとしました（笑）。とてもよい映画だと思いましたし、本当に感銘を受けました。まず、この作品をいつの時点でなぜ作ろうと思われたのですか？

小熊英二（以下、小熊） 2011〜2012年当時から、これは絶対に記録しておかなければならないと思っていました。多分、数十年に一回しか起きない出来事だろうと感じたからです。1968年の全共闘運動はもっと小さい規模でしたし、同時代とその後の世界の歴史のなかでも、これほど大規模かつ首相との対面にまで及んだ運動はほかにありません。もっとも、原発事故は、何十年に一度どころか、もう二度と起きてほしくないですが。

けれども、参加している当事者たちには、どうもその意識がないらしいし、さらにはマスメディアもこの運動についてまともにとりあげる様子がない。そこで私はまず、2013年に本（『原

発を止める人々——3・11から官邸前まで』文藝春秋刊)を編纂したのですが、それだけではどうもあの運動の規模や表情、存在感が伝わらないようだとわかった。それで、2014年4月から映画を作り始めました。

高橋 小熊さんはこの脱原発デモの観察者であるだけではなく、参加者でもありますね。なぜこの脱原発デモに参加されていたのですか？

小熊 社会運動であろうがなかろうが、自発的に、心底本気でやっているものは好きですね。英語で言うとspontaneous（自発的、内発的、自然発生的）ということでしょうか。逆に、内側から湧き出ているのではなくて、「誰かに言われて」とか「社会運動をやらねばいけないから」といった感じのものは、参加しようとは思わないです。音楽の演奏でも、ルーティンで演奏しているものや、アメリカあたりにあるモデルをなぞっているなという感じのものと、「これは内発的だ」というものは、やはり違うでしょう。福島原発事故後の脱原発デモに関しては、本気であることがはっきりとわかったので、これはと思って参加していました。

映像の選択基準について

高橋 驚いたのはインタビュー映像以外が、ほとんど動画サイトから取ってきたものだということです。全編を同じクルーが撮っているのではないかと思えるくらい自然に感じました。これは小熊さんの編集の妙もあると思います。僕も以前、映像制作をしたことがあります。といってもアダルトビデオなので比較にはなりませんが（笑）、ほとんど経験がなかったので、既知

の作品の作りや流れを参考にしました。最初から動画サイトの映像を使おうと考えていたとのことですが、映画を作ろうと思うことと、実際にシナリオを作ることは別ものだと思います。作る前に成算はあったのですか？

小熊 成算というよりも、ビジョンが見えていたというか、いいものができる確信がありました。本を書くときも、それが見えていたら必ずできる。もちろん、思い描いていたものと多少違うものができることはあります。ただ最初から、ある程度以上の動画があることはわかっていたし、冒頭シーンの構成もすぐ思い浮かんだので、これはできると思いました。

高橋 リストアップした動画の総時間はどのくらいですか？

小熊 総計は数えていませんが、使おうと思って抜粋した動画の総時間は、20時間くらいだったと思います。それらを選ぶためにチェックした動画の総数は、相当な量でしょうけれど、数えていません。しかし、何年何月何日にこういうデモがあった、というようなことはほとんど参加して知っていましたから、動画の見当をつけるのに苦労はありませんでした。

高橋 小熊さんがたくさんの資料にあたるのは、小熊さんの本の読者ならご存じだと思いますが、この映画もエンドロールのリストの数に唖然としますよね。インタビューには男女各4人が登場しますが、あの8人を選んだ基準はなんですか？

小熊 今でも活動を続けていて、毎週金曜日に官邸前に集まっていた人が大部分です。たいてい知り合いなので、金曜の夜に官邸前で依頼しました。あとはできるだけ階層と出身地と政治的志向を分け、男女半々にすることは意識していましたね。

高橋 最初に小熊さんがおっしゃっていたように、記録としての

要素がこの映画を作った第一の理由だと思うのですが、僕はそれ以上のものを感じました。シナリオに従って映像やインタビューを編集するさい、記録をすること以外に気をつけた点はありますか？

小熊 やはり映像として力強いものを選ぶのが、一番の基準でした。一つ一つの場面が弱いと、すぐに緊張感がなくなって飽きてしまうし、総合的に作品として強くなりませんから。部分的には説明のために差し込んだ映像もありますが、ほとんどは「これは映像として力強い」というものを優先しました。インタビューも、その人の素の部分が見えた、と感じた部分だけをつなぎ合わせていくことは意識しました。

「クールだけれどエモーションが伝わってくる映画です」（高橋）

高橋 前半部分は音楽もなく映像の選択の仕方も禁欲的だったのに、終盤に近づくにつれエモーショナルになっていき、最後には観ている側の感情を解放させるような作り方になっていると感じました。それは意図的なのか、もしくはそうせざるを得なかったのでしょうか？

小熊 ある程度以上、編集をしていくと、「映像がどの方向に行きたがっているのか」がわかってきます。私が一定のメッセージを決めて、すべての方向性を決めるような作り方では、作品に本当の力は出ません。映像の一つ一つの瞬間を、それが行きたがっている方向に、できるだけうまくつなぎ合わせていった、という感じでしょうか。

高橋 つまり映像が要請し、小熊さんは映像の召使いだったと？
小熊 その感覚に近いと思います。それに逆らうと、いいものは

できません。少なくとも、私の場合はそうですね。

高橋 僕は小熊さんの著書に、クールヘッドかつウォームハートという印象を抱いています。ウォームハートの部分は「あとがき」などでしか出てきませんが、この映画も非常にクールでフェアなドキュメントでありながら、終わりのあとがき的なところに、禁欲的にとどまらない小熊英二らしさを感じました。ところで、この映画をどう自己評価しますか？ 僕もそうですが、自分が書いたものも、書き終えて離れてしまえば客観的に見ることができますよね。

小熊 第一に、私にはこれ以上できないところまでやりました。それはふだん、本を書くときも同じです。客観的に言えば、出来もいいと思っています。それは自分が作ったからというより、集められた映像がとても力強いものばかりであること、そういう素材を活かすことを心がけたこと、そしてある時点からは作品が自動的に完成に向かって動いていったことからです。そういう流れの感覚が作っている最中にあれば、うまくいっている証拠です。そして、それを適切な時間と配列に、まとめることができたとも思っています。もちろん観る人の関心のあり方などによって、受け止め方や好みはあると思いますが、客観的に観てもある一定線以上は達していると思います。

高橋 制作者はコントロールできない部分も含めて全部見ているので、僕は作品の評価は、作った本人に聞くのがいちばん正確だと思っています。制作者あるいは監督という立場から離れて、この映画が2015年9月（注・劇場公開時）の今、世に出る意味はどんなところにあると思われますか？

小熊 2015年という年にこだわりがあったわけではありませんが、

とにかくこれほどのことがあったのに忘れ去られるのは認めがたい、人々の記憶に残る形で提示せねばならないと思っていました。

　ものごとはきちんと認識しないと、現実として受け止められませんし、受け止めないと次に進めない。原発事故が起こった当時、専門家も含めて、何が起きていたのかわかっていた人は、ほとんどいなかったと思います。あまりにも巨大なことが起きると、人は何が起きているのか認識できないものです。だから2012年に国会前や官邸前に人があふれたときにも、「あふれた」という現象はわかっていても、「それがいったい何なのか」が見えていた人はあまりいなかったのでしょう。それが、報道もあまりされず、社会的記憶として残りにくかった理由だと思います。

　私は歴史を研究し、国際的なさまざまな事例を知っていましたから、何が起きているのかについて私なりの考えがありました。だから、これは一つの社会において、数十年に一回くらいしか起きないことであり、絶対にある種の形で記録し、提示しなければいけないと思いました。そうしなければ、事実の断片は現実を構成せずに、忘れ去られていってしまうからです。そして現実が認識され、記憶として構成されなければ、人間は社会的に未来を作ることができないですから。

なぜ、記録をするのか？
高橋　おっしゃるように大きな事件が起きたとき、その渦中にある人間は何が起きたのかよくわからないものですよね。いまは原発事故の話をされましたが、戦争もそうです。まさに戦争の

なかに放り込まれると、自分がどこで何をしているのかわからない。そういう意味では原発事故も一種の戦争なのかもしれない。そのようなときにこそ、記録をすることの意味が出てきます。

　僕は大岡昇平の『野火』という小説が大変好きです。戦争小説の傑作とよく言われますが、実は非常に変わった小説です。一概には言えませんが、戦争小説というものはドキュメンタリーに近くなります。僕も小説家なのでわかるのですが、『野火』は言葉や風景をどうしようかということを考えていません。そこに居た人間が見たものだけで全編を構成していて、それに関する判断は保留している。カメラのようになって戦場をさまよう小説です。

　塚本晋也監督の映画『野火』（2015年）も原作に忠実です。記録をすることに取り憑かれているような映画です。小熊さんの映画も、非常にクールに進んでいくのですが、とにかく記録しなければいけない、伝えなくてはいけない、というエモーションが伝わってきます。そもそも記録することの意味はなんでしょう？　映画監督として、学者として、記録という行為についてどうお考えですか？

小熊 実際に起こった現象を、縮約して伝える媒体というのは、文字にせよ映像せよ、所詮は不完全です。文字は文字の特性、映像は映像の特性がありますから、文字より映像に適した表現というものはある。だから今回は映像を選んだわけですが、それにしたところで起きたことすべてを記録できるわけではない。また起きたことすべてを記録しても、縮約して提示しなければ伝わらないし、記憶も現実も構成しない。

だから、表現をする場合には、どういう形で提示して、どのように受け止められるかを考えなければいけない。その場合、たとえば「悲惨だ」とか「勇ましい」とか「すごい」とかいった言葉は、使わない方がいいと思っています。使うと、その言葉に寄りかかってしまい、それで表現できたような気分になって、たちまち曖昧になってしまううえに、受け手の想像力を限定してしまう。感傷的な音楽も、安易に使うと同じことになります。

　だから私は、著作では、できるだけ強い言葉を過去から拾ってきてつなぎ合わせ、自分は「てにをは」以外の言葉はなるべく挟み込まないようにします。映画に関してもそれは同じで、同時代の強い映像と、インタビューから撮れた強い映像を、つなぎ合わせる以上のことはしたくありませんでした。

　ですから、「記録しておかなければいけないと思った」という観点とは別に、表現者としての観点からは、できるだけ素材を配列する以上のことをやりたくなかった。それが結果として、「記録映画」という形になっているということです。

高橋　もう一つ、なぜ記録するのか、記録する側は何を期待しているのか、という問題について小熊さんにお訊きします。

　大岡昇平の『野火』は、地獄のような情景をさまよう兵士のカメラアイで描かれていますが、そこにどんな意味があるのかは書いていない。僕たちは何の意味もなく記録を残しません。誰かに見せるために記録します。では、誰に見せたいのか。『野火』では神と対峙します。つまり、記録を証拠として裁き主の前に提出するという意識があったのではないかと、僕は『野火』を解釈しています。記録をする行為には、「この問題は

この時代では解決できず、君たちの時代に未解決のまま残るが、少なくとも証拠を残しておく」といった意味があるのではないかと思うのです。小熊さんはどう考えますか？

小熊 それに近い感覚は、あったかもしれません。この映画に関して言えば、人々が真摯にやっていた姿を、きちんと後世の人に証拠として残しておくべきだ、という感覚はありました。

その一方で、これは私が宗教学者ではなく社会学者である所以かもしれませんが、提出する相手を神とは考えていない。あえていえば、提出する相手は社会でしょう。

ただし、社会は神と違って、あらかじめ存在するものではない。社会というのは、ある種の記憶の共有をした人間によって作られるものです。逆に言うと、共有された記憶がないと、社会は形成されない。アリストテレスの昔から、歴史のない民は社会（ポリス）を成さない、歴史があるか否かが人間と動物の違いである、と言われています。

つまり何かが記憶され、「こんな現実があったんだ」と認識すると、それが記憶を構成し、「こんな過去がある『私たち』はいま何をしているのだろう、これからどうするのだろう」というふうに、現在や未来を構成する。それが「社会を構成する」ということです。

だから私が考えたことは、この記録を社会に提示することだった。その社会は、日本社会であってもいいし、世界に散在している社会運動のサークルなんかでもいいのですが、そういう社会を対象に考えていました。またそこで共感を呼んだり、いろいろな議論を喚起することによって、映画が社会を構成するという効果もあるだろうと思います。

それは日本社会でなくてもいいし、社会運動のサークルでなくてもいい。たとえば、あるロシア人の学者がこの映画を観たときは、ロシアで反プーチン独裁の運動をやっている人たちも似たような状況にあるから、彼らが観たらとても元気づけられるだろうとその人は言っていました。そういうふうに観られるのは、私としては予想外でしたが、そういう観方をしてくれる人がロシアにいれば、この映画を観た日本の人と話ができる。あるいは、インターネットを使った新しい芸術表現を模索している人と、社会運動の人が、話ができるかもしれない。
　それはつまり、これまでなかった社会を構成する、共通の記憶を共有する、ということです。それがどういう政治的な効果をもたらすかは、私が制御できることではないし、予測もできませんが、そういうことは期待しています。

記録は共有されることによって記憶になる
高橋 僕は、記録が持つ意味はもう一つあるのではないかと考えます。ご存じのように、私たちの国の人々は忘れやすい。忘れやすいことの結果として、何が起こっても誰も責任をとらず、社会がそれを追認しているかのごとく見える。つまり、記録とは、現実の問題を忘れないためにする意味もあるのでは？
小熊 率直に言うと、作っている最中はそのようなことは考えていませんでした。特定の政治的効果を期待するよりは、きちんと作ろうという意識の方が強かったです。
　しかし、記憶が共有され、人々が社会を成すと、呼び出す声が聞こえるわけです。つまり、「こういうことがあったのに、私たちは何をしているのか」という声が聞こえてくる。そうな

ると、それに対し応答（レスポンス）しなければならない、という動きが起きる。それが、その社会における責任（レスポンシビリティ）です。

　だから、すべて忘れていくことと、レスポンスしないことは同じことです。それは一言で言えば、歴史のない民ということであり、社会を成していないということです。アリストテレスなどの論法にしたがえば、歴史のない民は動物と変わらない野蛮人で、公共の討議の空間であるポリスを持たない。

　記憶というものは、社会と一体です。たとえば、「4年1組史上最大の事件」という記憶の形態は、原理的に1年以上続かない。「4年1組」そのものが、1年で消えてしまうからです。しかし逆に言えば、制度としての「4年1組」が解体されても、「4年1組史上最大の事件はあれだったね」という記憶を共有している集団があれば、その記憶を基盤にして社会が再構成され続ける。ヨーロッパや中国では、しょっちゅう国が滅びましたから、歴史を書き残し、それを基盤に社会を構成することに熱心だったとは言えます。

　一方で、そういう意味での「日本社会」と呼べるほどのものがあったのかと言えば、私の見方では多分なかった。しかしこれは、いまとなっては日本に限ったことではありません。たとえば、現在ではインターネットやSNSが普及して、皆が忘れっぽくなったと言います。要するに、記憶を共有する範囲が小さくなるので、個々の情報なり現象なりがあっても、それが長く共有されることがない。SNSのサークルがなくなってしまえば、それで終わりだからです。その結果、社会を構成する前に全部消えていってしまう。

そういう状態には、人間は耐えられるものではない。なぜかといえば、それは自分が死のうがどうしようが、誰も自分の存在を覚えていないという状態です。そして共通の記憶がないから、何が正しいのかもわからないし、何をしたらいいのかもわからない。会社だの家族だのが「社会」として機能していた時代は、よけいな「正義」なんかいらないんだ、日常に帰ればいいんだ、とか言っていられましたが、いまはそうもいかない。
　そういう意味で、いまは日本にかぎらず、共通の記憶が残りにくい時代です。しかし一方で人間は、ただ生きている「労働する動物」の状態には、耐えられないものです。だからこそ、共有の記憶として残していかなくてはいけないという意識も、潜在的にはあるだろうと思いますね。

高橋　僕もその思いは深く共感するところです。僕たちの社会は、どんな事件も共有されないまま、悪い意味での過去になってしまいます。じつは小熊さんは、この映画の制作と同時に、お父様へのインタビューをずっとされて『生きて帰ってきた男──ある日本兵の戦争と戦後』（岩波書店刊）という著書を仕上げられました。この二つの仕事は小熊さんのなかで、どのようにつながっていたのでしょうか？

小熊　あえて共通するだろう部分を挙げれば、拾われなかった、記録されなかった声を記録することでしょうか。
　この映画で描いた運動が、なぜマスメディアの網に引っかからなかったのかというと、共産党や社民党や新左翼がやっている運動ではなかったので、記者クラブをはじめとした既存のネットワークに情報が回ってこなかったのが一因です。おそらく記者たちは、デモの主催者と人脈がなく、誰に聞けばいいのか

わからなかった。また直接取材に来た記者がいても、デスクや整理部が、「政党や労組がやっているのでなければニュースにならない」という態度をとったことも想像できます。

これは60年安保も同じで、東大の全学連主流派の動きと、政党や労組の動きは記録されていますが、それ以外の一般の人々がどういう動きをしていたのか、いまとなってはほとんどわからない。また全共闘運動がなぜあれほど記録に残っているかというと、その一因は東大で起きたことですよ。東大だったからこそマスメディアも注目したし、その後に書き残す人も多かった。東大で起きなかったら、あれほど大事件とは記憶されなかったかもしれません。

つまり、社会の上層の人間や、農協や労働組合などの組織は、社会に認知されたエスタブリッシュメント（確立されたもの）だから、そこに関係した動きは残りやすい。そうでないものは、数が多くても認知されにくいし、残りにくい。マスメディアにとっては、この映画で描かれているような動きは、どこからともなく集まってきた人々をどう取り上げていいのかわからないで、「あれはいったいなんだ」と思っているうちに何となく通り過ぎてしまったという印象なのでしょう。

安保法制反対デモについて
高橋 メディアが理解できるものをとりあげているうちに、名づけられないものはあと回しにされ、結局、忘れ去られていくということですね。原発事故のあとに特定秘密保護法案、そして今回の安保法制という流れで、国会前はSEALDsという学生を中心にしたデモが繰り広げられています。私は彼らを知ってい

るのですが、いちばん多いタイプは、高校生のときに2011〜2012年の反原発デモの周りで見ていた子ではないかと思います。脱原発デモは意外なところで世界に波及効果を生んでいるのですね。つまり、若い世代の政治やデモに対する不安感や恐怖感を消してしまったのです。いま、脱原発デモの次の世代が育ってきているように思うのですが、それについてはどう思いますか？

小熊 いまSEALDsにつながっている人たちの活動は、2013年くらいから見ていました。客観的に見れば、彼らの活動は、2011年以降の4年間の蓄積の結果です。まずSEALDsの人たち自身が、2011年以降の脱原発運動を見ていて、ああいう行動を自然と思う感覚を中高生のころから育んでいた。またそれ以上に、何かあったら国会前の歩道に集まることが、2012年以降は当然と考えられるようになった。

「首相官邸や国会の前の歩道に集まって叫ぶ」というのは、2012年以降の日本で、自然発生的にできた政治文化です。万単位で歩道に立ったまま叫ぶデモンストレーションは、私の知る限りほかにはあまりない政治文化ですよ。

　ヨーロッパ諸国では、大通りを行進するか、教会のある中央広場に集まります。日本にはそういう広場がない、だから社会運動が育たないんだと言われていました。しかし私が驚いたのは、2012年の日本の人々が、ほんらい広場になるはずのない場所を、強引に広場にしてしまったことです。

　映画でも描かれていますが、いちどは新宿駅前を広場にしようとし、それが警察の規制でだめになった。そのあと、官邸前という場所に集まり、広場にしてしまった。あそこは本当に殺

風景な官庁街で、ほんらい広場になるような場所ではない。それを強引に広場に変えたのは、本当に人間の力だとしか言いようがない。人間の想像力というか創造力というか、とにかくすごいものだなと思いました。当人たちにそういう自覚がないまま、世界のどこにもない現象を実現しているところも、すごいなと思いましたが。

またマスメディアも、いくらか変化しましたね。2012年夏に、官邸前の抗議をとりあげざるを得なくなったときは、「なぜ来たんですか？」とか「デモで社会を変えられると思いますか？」とかいう質問をしているメディアのレポーターを見かけました。あんな原発事故があったんだから怒って来るに決まってるじゃないか、変えられると思うか思わないかなんて関係ないだろう、逆にあれだけのことが起きて誰も来なかったらその理由を説明したらどうだ、と思いましたけれど。そんな質問をするのは、日本で大規模なデモが起こるわけがない、という固定観念に縛られていたからでしょう。しかし、最近はそういう質問はしなくなったようです。4年間の蓄積によって、マスメディアの中でもいろいろな化学変化が起きてくるんだなと、見ていて思います。

不当なことを見抜く直覚力を失わないために

高橋 マスメディアも学習効果か、今は一生懸命、取材しようとしていますね。2015年の8月になって多くのメディアで、「戦後70年特集」が扱われています。もちろん「70年」がいろいろな意味での節目であり、いちばん大きいのは戦争経験者がほぼ姿を消すこと。先の戦争経験者の直の声が聞こえる最後の機会

です。それと社会を作る運動がつながろうとしているのは、とてもいいことだと思います。いまの運動は憲法問題に集中していますが、いま浮上しているこの問題と、現在も継続している脱原発デモとの関係について、どのように考えていらっしゃいますか？

小熊「関係」というのはいろいろありますが、まず主催者のレベルでいうと、脱原発の官邸前抗議をやっている首都圏反原発連合のなかには、SEALDsの人たちに、機材を貸すなどの協力をした人もいるようです。中心になっている人脈は重なっていないですが、周辺の手伝いの人たちはけっこう重なっていて、過去数年間の経験を活かして協力しています。参加者のレベルになると、さらに重なっているでしょう。

　安保法制反対に人が集まるか、脱原発の方に人が集まるかといったことは、競合するという見方をする人もいるかもしれませんが、私はそう考えません。政治的効果というのは、有機的なもので、何がどう影響するかわからないからです。たとえば、新国立競技場の問題に抗議していた人たちは、安保法制よりもこっちに関心を向けてくれと思っていたかもしれません。ところが、安保法制の問題でたくさん抗議が起きたら、新国立競技場の建設計画の方が「白紙撤回」されてしまった。政治と大衆運動の関係というのはそういう有機的なもので、ゲームのように一対一対応では動いていないものです。

　またもう一つは、いろいろテーマは移り替わっていますが、近年の運動に共通する底流は同じだということです。それは、政治不信と代議制民主主義の機能不全です。たとえばSEALDsの人たちが主催する国会前抗議では、「民主主義ってなんだ」

「勝手に決めるな」というスローガンが叫ばれていて、私の見たところ、そっちの方が「憲法を守れ」とか「安保法制反対」より動機として大きい。つまり人々は「安保法制反対」や「憲法を守れ」ということを通じて、「あの政治のやり方はないだろう」と表現しているのだと思います。ただこれは、いまに始まったことではなく、60年安保のときもそうでした。「安保反対」より「岸を倒せ」の声の方が、大きかったわけですからね。

ただ、原発事故直後の運動に関しては、それを通じて政治不信を表現するという要素もあったけれど、ほとんど生物学的な反応としての恐怖や怒りという部分も大きかったと思います。だからこそ、私としては、これほど自然発生的な運動はないと感じました。

高橋 運動としては特殊だったわけですね。

小熊 私が見てきたなかで言えばそうです。またこれなら、映画にしたときに、外国人にとってもわかりやすいだろうなと思いました。率直に言って、外国の人に、日本で安保法制に反対する人がなぜ多いのかを説明するのは、手間のかかることです。日本の戦後70年の歴史を説明し、日本社会で共有されているコンテクストをわかってもらわなければならないからです。しかしこの映画の場合は、あんな事故があって、これほどの恐怖があって、というところから描けば、誰が観てもわかる内容ですからね。

高橋 小熊さんがおっしゃったように、いま、抗議が起こっている理由は、恣意的に政治がされていて主権者の意思が無視されていることに尽きると思います。政治的・社会的な問題を忘れてしまう日本人でも、ここまでされると怒りますよね。60年安

保のときもそうでした。戦後70年の８月でもありますが、いまのこの状況を社会学者・小熊英二としてどう考えていますか？
小熊 日本社会の状況全般については、懸念しています。経済状態が良くないのとあいまって、社会全体、あるいは政党政治全体が衰弱してきている。安倍晋三という一人の人物がどうこう、という次元の問題ではない。そちらの方は、学者としていろいろ調べ、2012年に『平成史』（河出書房新社刊，2014年に増補新版）といった編者も書いています。

しかし一方で、だからこそ、この映画は作らなければいけないと思いました。つまり、日本社会が真摯な動きをしたことがあるという事実を、記録しておくべきだと思ったからです。それを記録しておけば、もっと状況が悪くなったときに、足場にできる記憶が残りますから。

「主権者の意思」という言葉が出ましたけれど、私は「国民主権」とか「民主主義」とかを、形式として絶対のものだとは思っていない。それより重要なことは、ある種の直覚力です。「主権者」という言葉の原語は「sovereignty」ですから、「至高のもの」という意味です。「至高のもの」が汚されるのは許せない、という感覚が人間にはある。それは、「これは明らかに間違っている」と直覚する力でもあります。法案の説明がどうであろうと、「これは間違っている」と直覚する力は、私は信頼すべきだと思います。

しかしそういう直覚力は、ほうっておくと衰えていく。それを鈍らせないためには、直覚力を発揮するようにすること、それから発揮されている場面を見て「これが直覚力というものか」と感得することです。この映画には、人間が本当に「これ

は不当だ」と思ったものに対し、声を上げる場面が映像として記録されている。だから、それを観ることで、「こういうものが『不当なものに抗議する』ということなんだ」と感得してもらう、ということも考えていました。それは、形式的に民主主義や社会運動がどうこう、ということとは別次元のことです。

高橋 僕はこの映画が多くの人に観られることを期待していますし、この貴重な記録を記憶するようにしていきたいと思います。

小熊 最後に一言だけ。記録というのは、共有されることによって、はじめて記憶になるものです。ただ資料庫にポンと放り込んでおいても、記憶になりません。ですから、できるだけ多くの人に観てもらいたい、そして話し合ってもらいたいです。

【観客からの質問】

——脱原発のデモは、そもそも福島の事故があって起きているわけですが、渦中である福島では、こういう頼もしい動きはほとんどありません。僕は東京出身ですが福島に3年ほど住んでいたので、デモが福島に波及していないことに、忸怩たる思いを感じています。お二人はこのことをどう思われますか？

高橋 僕は福島の状況に詳しいわけではないですが、一つは福島が抱えている問題と、この官邸前デモが訴えた問題とは、位相が違ったんだと思います。官邸前デモは、原発を日本社会が抱える問題としてとらえることによって起こった政治運動で、福島の人たちが抱えているのは、また別の問題になるんだと思います。同じような問題でも、地方や年代によって統一したスローガンにはならないし、違った形態になったりしますよね。逆に、中央に指令組織がないからこういう形になったとも言えま

す。
小熊 私がこの映画で描いた動きは、放射能が降ってきて怒った東京の人たちが、自発的に始めた運動だったと思っています。もちろん福島の人たちや、日本全体のことを考えていたにせよ、いわば東京地元住民の運動という側面があったと思う。

　この映画は、そういう運動を題材にしながら、東京住民にとどまらない、人間の普遍的な姿を描いたつもりです。そして、彼らが地理的に東京に住んでいたことと、「東京」と呼ばれるところに政治の中枢があることは、区別して考えた方がいい。

　たとえば、これが群馬県で起きた運動だったとしたら、おっしゃるような質問は出ないと思うんです。たまたま地理的に東京に住んでいた人たちの運動を、ほかの地域の人の動向を評価する基準にする必要はない。また彼らは一般の人間ですから、政治の中枢が決定したことに責任を負う度合いが、ほかの地域の住民より高いわけではありません。

　それを踏まえて言えば、福島の人たちは何をすべきかについては、私が言うべきことではないでしょう。それぞれの地域で、状況が違いますからね。東京の人たちと、同じやり方である必要はないと思います。

　歴史家として言うと、広島から原水爆禁止運動が出てくるには、10年近くかかりました。その一因は、傷が深かったからです。では、福島でも時間がかかるのか、10年後には何かが起きているのかと問われれば、それはわかりません。これは福島の人々——といってももちろん福島の内部も多様ですが——が決めることです。

高橋 かつて政治運動をやってきた身から付け加えると、「正し

さの正しくなさ」というものがあります。具体的な例を挙げれば、全共闘運動は教育システムの改革反対から大学のなかで始まった。やがて、こんなことだけでは解決しないから、文部省（当時）に文句を言おうとなった。次に、文部省に言っても意味がないから政府に抗議しようとなった。で、政府に抗議するより、選挙をやれ、あるいは地域住民と連帯しろとなった。すると、こんなことよりベトナム戦争はどうなんだ、ということになった。ベトナム戦争に反対すると、ビルマ（現・ミャンマー）はどうなんだとなった（笑）。スローガンを書いていったら100個ぐらいになった。困ったことに、文句を言っている人は正しいんですよ。でも正しさを100個集めたら、身動きがとれなくなった。だから、極端なことを言うと、一人が1個テーマを選んでやればいいんじゃないかと思うんです。1個のことだけをやるのは理論的には間違っている。だけど、「間違っていることの正しさ」と「正しさの正しくなさ」を天秤にかけたときに、僕の経験上「間違っていることの正しさ」に賭けた方がいい。ある種どこかで割り切って、フットワークを軽くした方が、運動を続けるためにはいいと思います。

新しい社会運動のかたち

監督インタビュー①

60年代の再来ではない

――映画『首相官邸の前で』は福島原発事故後の抗議活動を記録したものですが、まずあの運動をどう位置づけておられますか。

小熊 日本社会の変化を示していると同時に、世界と共通の現象が起きていると思いました。

――それは具体的には。

小熊 グローバル化と情報化の進展のなかで、生活や雇用や心理の不安定さが増している。その状況のなかで、ニューヨークの「オキュパイ・ウォールストリート（OWS）」や、香港の「雨傘革命」など、大規模な抗議運動が起きています。それと類似の運動だと思いました。そしてそれが、2011年3月の原発事故をきっかけに、不連続に2015年の安保法制反対運動まで続いていったと考えています。

――安保法制への反対は、1960年代の再来のように言う人もいましたが。

小熊 そうは思いませんでした。むしろ2011年から世界各地で起きていた抗議運動の方に近いと思っていました。

――1960年代とどこが違うのですか。

小熊 単純化して言うと、1960年の日米安保反対闘争の時期の抗議運動は、労働組合とか学生自治会といった、共同体のつなが

りで動員するスタイルなんです。だから参加者は学生ばかり、労働者ばかり。もっと正確に言えば、特定の大学の学生ばかり、特定の組合の労働者ばかりです。だから「学生運動」「労働運動」なんです。あとは、農村や漁村の共同体が開発計画の反対に立ち上がるといった、「農民運動」「漁民運動」です。動員のしかたは、労組本部とか自治会執行部が決めて、それを組織的に降ろしていくというピラミッド型です。

　1968年になると、もう少しネットワーク型というか、自由参加の傾向が出てきます。しかしそれでも、参加するのは学生がほとんど。ベ平連（ベトナムに平和を！　市民連合）などの「市民運動」を名乗った抗議運動も出てきますが、参加者は学生と、あとは主婦や知識人、公務員などが中心です。社会運動に参加するような、時間や立場の自由度の高い人たちが、学生と主婦と知識人しかいないという社会だったからです。

　ところが2011年以降に目立ってきた抗議運動は、そういう形ではない。中心的な活動家は、デザインとかITとか音楽といった、知的サービス産業の専門職や非正規労働者が多かった。主催グループは、数十人くらいのネットワーク型の小グループ。それがSNSなどで情報を拡散し、参加者は勝手に集まってくる。そして参加する人は、老若男女あらゆる人々です。動員が学生自治会とか労働組合の回路ではないから、「学生ばかり」「労働者ばかり」という形にはならない。

——なるほど。

小熊 2012年夏に、首相官邸前に20万人が集まったあと、新聞社のインタビューで「見てどう思いますか」と聞かれた。私はそこで、「金曜日の夕方6時に、20代から40代の背広を着ていな

い男性、それと同年代の子供を連れていない女性が、こんなに参加している。それは、非正規雇用の増加やフレックスタイム制の普及、少子化や晩婚化など、社会が変化したからだ」と答えました。

——参加者のあり方が違うわけですね。

小熊 60年代のデモの写真を見ると、参加者は本当に均質です。18歳から22歳までの、9割以上は男子学生の隊列が多い。また労働組合か学生自治会といった共同体が動員した集会だと、団体旗が多くなる。どこの団体が来ているのかはわかるけど、何を目的にした集会なのか、ちょっと見ただけではわからなかったりする。当然ながら団体に所属していない人は入っていけない。

だけどいまは、情報を見て個々に参加してくるだけだから、集まってくる人の属性もばらばらです。掲げてくるプラカードもそれぞれですが、所属団体を示すものではなくて、何に抗議しているかを示すものになる。こういうことが、風景の違いになって表れるわけです。運動というのは、結局のところ、社会の鏡ですからね。

——参加者や集まり方の変化が、風景の違いになるわけですね。

小熊 主催者の違いも風景の違いになって表れます。主催者にデザインやITや音楽を職業にしている人が多ければ、当然それは、抗議運動もデザインが洗練されていたり、ウェブサイトやSNSを駆使したり、音楽が導入されたりといった、風景の違いになって表れる。街頭スピーチにしても、昔のようなトランジスタメガホンではなく、PAや音響装置を使っている。そのノウハウや機材を持っている人が、主催者のなかにいるわけですよ。

現代の運動の特徴

──そういう変化は、どこで気づいたのですか。

小熊 2011年4月10日の高円寺での脱原発デモに行ったときから、それはわかりました。主催者のなかにそれ以前からの知り合いがいたし、彼らがどういう人たちかはわかっていましたからね。そのあとに彼らのミーティングに行ったり、参加しながら観察していたら、確信が深まった。

そのうち2011年9月にニューヨークでOWSの運動が始まったら、あちらでもデザインとかITとかの非正規専門職が活動家の中心だという話が伝わってきました。だから「ああ、世界中で同じことが起きているんだな」と思いました。2014年に香港や台湾に行ったときも、活動家の社会背景や、運動の性格、動員の方法などは、共通性が高いと感じました。格差の拡大や不安定雇用の増加は、台湾や香港の方が日本より激しいですし。

──世界中で、同じ変化が起きているわけですか。

小熊 グローバル化とか、情報化とか言われる現象は、どこでも進んでいる。それとともに、製造業が衰退し、金融とかデザインとかITとかの知的サービス業が増え、それに携わる知的専門職が増えます。しかし多数派は、サービス業のなかでも単純労働に就くことになって、不安定雇用が増え、格差が拡大する。その状況を個人的に突破しようとすると、高学歴化が進む。ところが高学歴化しても、全員が高収入になるわけではない。安定した職そのものが、減っているし限られているからです。だから、高学歴でも不安定という形が増えています。

それは当然、いろいろな不満を生む。全体に高学歴化して、知恵はついている。けれども、それにみあうほどの収入も、安

定もない。つまり、知恵とスキルを持っているけれど、不安定だという人が増えているんです。そこに何かのきっかけがあれば、ITやデザインといった自分たちのスキルを使って、運動を起こすのは当然でしょう。

　最近の世界各地の運動を見ると、中心になっているのは、知的サービス業に就いている不安定雇用の人、あるいは小規模自営業の人が目立ちます。これは認知的プレカリアート cognitive precariat と呼ばれる人々です。そして政治の方は、こうした21世紀の社会の現実に適合していない。

――もう少し説明してください。

小熊　いまの政治制度は、20世紀半ばにできたものです。具体的には、普通参政権による選挙で、代議士を選び、一国単位で政策を行なうという政治制度です。

　ところが、これだけグローバル化すると、一国の政策でやれることが限られる。その一方、各国の政府高官やエリートどうしは、国際合意をすばやく実行に移すことを求められます。そうなると、国内の民主主義は軽視して、国際合意の実行を優先することが多くなる。

　そうした無理な決定が、潜在的にたまっている社会の不満に火をつけると、「勝手に決めるな」「民主主義ってなんだ」という声が起きる。台湾の2014年春の「太陽花(ヒマワリ)」運動は、台中間のサービス貿易協定の立法院での批准審議が強引だったことがきっかけで起きました。日本の2015年夏の運動も、日米の安全保障合意にもとづいた国内法整備の国会での審議が強引だったことから起きたものです。つまりどちらも、国内民主主義の軽視がきっかけになって発生した運動ですよ。

――そういうふうに考えることができるわけですね。

小熊 もう一つ、20世紀の政治制度が21世紀の現実に合っていないのは、代議士を選挙で選ぶという部分です。選挙区の選挙で議員を選ぶという制度は、有権者がその選挙区に定住していることが前提です。しかし現代では、いまの制度ができた時代より人間の移動が多いし、スピードも速い。日本でいえば、議員候補がいちばんのターゲットにする有権者は、ずっと選挙区内に定住している住民、たとえば農民や自営業の人などです。現在の制度ではそうなってしまう。それ以外の人たちは、疎外されて政治に不満を持っています。

　また日本ではいまだに、19世紀に決まった府県を基本に選挙区を定めている。19世紀の人口分布とは、まったく変わっているのにです。それも当然、「１票の格差」という形で不満になります。

――ほかの国もそういう不満があるのですか。

小熊 大統領制の国、たとえばアメリカやメキシコの場合は、結局のところ組織力と資金力があって、テレビ広告が流せる人でないと、大統領候補になれないという不満がある。これも最初に制度を作ったときには、想定されていなかった社会の変化です。比例代表制の場合は、政党とか団体とかに認められた人でないと、そもそも議員候補リストに載せてもらえないという不満があります。

――むずかしいですね。

小熊 だから選挙なんかやめろ、という単純な話ではない。しかし、選挙だけやっていればいいという姿勢では、やっていけない。20世紀の制度と、21世紀の社会のずれが、あまりに大きく

なってきたからです。それでどこでも政治の機能不全が起き、不満が強まっている。

そして、「自分たちを無視して政治決定をした」とみなされると、もともと潜在的にたまっていた不満に火がつく。2011年のOWSは、無責任な投資をして金融危機を起こした銀行を、税金で救済した決定がきっかけで起きた。2012年夏の日本の場合は、原発再稼働の決定が強引すぎたことをきっかけに、抗議が大きくなったと考えています。

——原発そのものへの抗議ではなかったと？

小熊 そこは混在していたでしょう。もちろん、2011年3月の原発事故の衝撃は大きかった。けれども、その衝撃や恐怖が主な原因で抗議運動が起きていたのは、2011年9月くらいまでだと思います。それと入れ替わるように、いわゆる「原子力ムラ」の不透明さとか、政治決定プロセスへの不満とかが増大していった。それが2012年6月の関西電力大飯原発の再稼働決定で火がついた、と考えています。そう考えないと、2011年9月でいったん抗議運動が低迷したのに、事故から1年3か月もたってからふたたび高揚した理由が説明できない。

——そういうふうに考えると、日本の運動も、同時代に世界でおきていたことの一部と考えられるわけですね。

小熊 世界各地で注目された抗議運動をみると、基本的な特徴と、社会背景はどこも共通しています。不安定な知的専門職の人たちが運動の中核にいること、ITやデザインや音楽を駆使していること、組織動員ではなく小グループのネットワークであること、政治決定の強引さがきっかけで火がつくこと、などです。きっかけそのものは、貿易協定だったり、原発再稼働だったり、

安保法制だったりといろいろですが、私には同じ現象が個別の表れ方をしているとしか思えません。

「右」「左」は適用できない
── そうした運動は、従来の左翼運動とどう違うのでしょうか。
小熊 参加や動員の形が違うことはすでに述べました。そのうえで言うと、そもそも「右」とか「左」とかいう軸の立て方が、もう現代に適用できないと思います。
── どういうことでしょう。
小熊 まず、現代ではマルクス主義を掲げた運動は少なくなっている。官邸前抗議を主催した首都圏反原発連合も、安保法制反対運動を行なったSEALDsも、マルクス主義は掲げていない。そういう意味で、1950年代くらいまでの「右」「左」の軸をあてはめて論じても意味がないことは、わかりますよね。
── そうですね。
小熊 戦後日本では、憲法と日米安全保障条約に対する賛否を分類軸にして、「保守」「革新」という対立があるとされてきました。これは厳密には、マルクス主義を奉じているかどうかとは、あまり関係がない。
── でも共産党や社民党は護憲でしょう。
小熊 歴史的経緯としてはそうなっているけれども、原理的にいえば、マルクス主義と護憲がペアになる必然性はない。そもそも1946年に日本国憲法案を審議したとき、国会で唯一、政党として反対したのは日本共産党です。天皇制と資本主義、私有財産制を認めている憲法だから、マルクス主義の立場から批判するというのは当然です。1950年代半ばまでは、社会党の政治家

にも、福祉規定が不十分だから、政権をとったら改憲すると明言していた人もいた。

——そうなんですか。

小熊 そもそも「憲法を守ろう」とか「立憲主義」というのは、現在の法的秩序を守ろうということなんだから、革命とかクーデターとかとは、正反対の主張ですよ。

——なるほど。

小熊 いろいろな政治的事情や、偶然が重なって、たまたま日本では憲法と安保をイシューにした「保守」と「革新」という軸ができた。これはだいたい、1960年代半ばくらいに現在の形で定着したものだと思います。

——敗戦直後からではないんですか。

小熊 たしかに敗戦直後から、現在までつながる平和主義のメンタリティはあった。しかし、共産党が日本国憲法反対だったという一点から言っても、そのあととは違う。単純化して言うと、共産党や社会党に投票することが「マルクス主義の政党に投票している」と意識されていたのが1950年代半ばまでです。しかし1960年代末以降は、それが「護憲の党に投票している」という意識になった。

　その中間の10年のうちに、1960年の日米安保反対運動の予想外の高揚があり、高度成長があり、ソ連のチェコ侵攻などによる社会主義のイメージ悪化などがあった。ここでは詳しく話しませんが、それやこれやで、1960年代後半には「護憲と安保反対」が「保守」と「革新」を分ける軸だという図式が定着したといえます。くりかえしますが、それとマルクス主義は、直接の論理的関係はない。

──そういうことですか。

小熊 ついでに言うと、これは「大きな政府か、小さな政府か」という対立軸とも、論理的な関係はない。憲法と安保条約が分類軸だというのは、良し悪しは別として、日本の歴史的文脈のなかでできたものです。しかし私は、もうほかの国々でも、「大きな政府か、小さな政府か」という対立軸は、過去のものになりつつあると思いますね。

──それはどういうことですか。

小熊 2011年以降に注目された抗議運動を見ていると、運動の現場では、福祉を充実させるべきだという社会民主主義的な人と、市場にまかせて政府は介入するなというリバタリアン（自由尊重主義者）が、手を組んでいたりする。OWS運動のルポなどを読むと、そのことがよくわかります。ドイツで若い世代の人気を集めた「海賊党」という政党がありましたが、これも同じ傾向だった。

　つまり彼らのなかでは、「政府が大きいか小さいか」はもうあまり問題ではない。では何が問題なのかというと、「勝手に決めるな」です。もっと具体的に言えば、政治プロセスの透明性や公開性があるか、政治参加や意見反映の回路が開かれているかどうかが、重要な分類軸になっている。

──もう少しわかりやすく説明していただけますか。

小熊 たとえて言えば、「いい政策をやってくれるなら、密室政治でも権力政治でもかまわない」というのが、昔の分類軸の前提になっている感覚。これだと、「大きな政府か、小さな政府か」とか、「マルクス主義か、自由主義か」といったことが重要になる。しかし現代では、「どんな政策だろうが、私を無視

して決めるのは許せない」という感覚が広まっている。その背景には、グローバル化と情報化で、いろいろな情報を入手して比較対照できるようになったことがあるでしょう。

　これは政治だけではなくて、販売なんかでもそうでしょう？　昔の「よいお店」は、「お客が何も考えなくても、お勧めの品物を選んでくれる」というものです。でもいまは、そんなのは嫌だ、という人が増えているでしょう。そもそも商品も嗜好も多様化しているので、万人が満足する「お勧め品」をみつくろうなんて、どんな優秀な店員でも不可能ですよ。

――よくわかりました。

小熊　現代の要望というのは、「なぜこの価格なのか、プロセスを明らかにしてほしい」とか、「どうしてこの品しかないのか、きちんと説明してほしい」といったものです。その結果として、最終的に提供される品が理想的なものであるかどうかは別問題として、透明性や公開性の方が求められるわけです。

――透明性や公開性は、マルクス主義より自由主義の方がありそうに思いますが。

小熊　そこはどうでしょう。マルクスが書いたことと、マルクス主義を掲げた国家の現実がかなり違って、透明性も何もない独裁国家が多かったことは事実です。けれども、アダム・スミスが書いたことと、自由主義を掲げた国家の現実が、同じだと思う人はいないでしょう。現実に行なわれた「新自由主義改革」を調べてみると、規制緩和とか自由競争とかを掲げてはいたけれど、実際は情報力と資金力があったり、時の政権に結びついて先の予測ができた企業や個人が、不当ともいえるような利益を得ていたケースが多いですからね。

──なるほど。

小熊 なかには「それは自由主義が徹底していないからだ」と言う人もいるでしょう。けれどもそれは、「現実の社会主義国家が失敗したのはマルクス主義が徹底しなかったからだ」と主張するのとあまり違わない。

　話を現代日本に戻しましょう。私は震災後の脱原発の抗議運動や、安保法制反対運動を、従来の「右」とか「左」とかで分類するのはあまり意味がないと思っています。あれは何よりも、「勝手に決めるな」という運動、政治プロセスの不透明性に対する抗議だったと考えた方が理解しやすい。

──政策そのものへの反対ではなかったと？

小熊 そこは先ほども述べたように、混在していたと思います。ただの世論調査を見ても、「即時原発ゼロ」が２割程度なのに、「再稼働反対」が５割前後いる。また2015年夏の世論調査でも、「安保法制に反対」より、「今国会での成立に反対」の方が多かった。つまり、「いますぐゼロとは言わないが、この再稼働の仕方は許せない」とか「安保法制そのものはよくわからないが、強引に決めるのは反対」という意見が多いということです。それはやはり、「安保法制反対」よりも「勝手に決めるな」の方が、支持のすそ野が広かったということでしょう。

安保法制反対運動について

──2012年と2015年で、運動の性格が違うと思いますか。

小熊 私はほとんど同じだと思いました。先ほど述べた近年の世界の運動の特徴、つまり不安定な知的専門職の人たちが運動の中核にいること、ITやデザインや音楽を駆使していること、

組織動員ではなく小グループのネットワークであること、政治決定の強引さがきっかけで火がつくこと、などはほとんど同じです。

――でも2015年は、学生団体のSEALDsが主催でしたが。

小熊 SEALDsは学生運動の団体じゃないですよ。

――どういうことですか。

小熊 学生運動というのは、前述のように学生自治会とかの学生共同体を基盤にして、学生がやるものです。具体的には、自治会を掌握して、自治会のネットワークで学生を動員する。これが1960年代の学生運動のやり方でした。労働運動が労働者の運動であり、労働組合を基盤にして行うのと同じです。

でもSEALDsは、そういう運動のやり方をしていない。そもそも彼らは、学内で活動していない。SNSで結びついた200人くらいが、「学生」の名前を冠した有志グループを作って、抗議運動を主導した。そこに老若男女が集まってきたというのが実態です。参加者には学生もいたけれども、およそ特定の属性がありません。だからあれは、「学生運動」ではなくて、「学生グループが主導した社会運動」ですよ。1960年代とは、まったく実態が違う。

――なるほど。

小熊 それにSEALDsのメンバーは、奨学金という名の学生ローンで、600万円とか1000万円とかの借金を負っている人が多い。公式統計でも、大学生の半数は奨学金を借りているのですから、珍しいことではない。就職がうまくいかなかったら、莫大な借金だけが残る。そういう不安定な状態で、ITやデザインを駆使している。そういう人がOWS運動でも活動家になっていた

ことは、報道されているとおりです。だからSEALDsは、私に言わせれば認知的プレカリアートの一つの形態であって、1960年代の学生とは実態が違う。

――学生といっても、実態が変わっていると。

小熊 強いて言えば、1968年の全共闘運動より、1960年の日米安保反対運動の方が、まだしも近いでしょう。1968年の参加者は、ほとんど学生が中心です。でも1960年は、もっと参加者が広範囲で、老若男女が抗議した。安保条約の内容そのものよりも、決定のしかたが強引だというのに反発して参加者が増えた点も、2015年と共通しています。

ただし、共通しているのはそこまでです。1960年は労働組合とか商店会とか自治会とかが動員の基盤で、それぞれが団体旗を掲げながら隊列を組んでデモ行進する形でしたから、そこは全然違います。1960年の社会と2015年の社会が違うのだから、当然ですが。

――国民的な広がりがあったという意味では、1960年と近いわけですね。

小熊 そう言えるけれど、やはり実態が変わっている。2015年の国会前では、参加者が「国民なめるな」というコールを叫んでいました。あれを見て、1960年の再来だと思った人もいただろうけれども、私は現代の運動だなと思いました。

――どういうことですか。

小熊 1968年前後の流れをうけて始まった1970年代の運動は、社会のマイノリティが中心でした。民族的マイノリティ、性的マイノリティ、障碍者、女性、学生といった人々です。高度経済成長後にはマイノリティになってしまった農民や漁民、日雇い

労働者なども、そこに加えられていたといえるかもしれません。女性などは数的には少数者ではないけれども、政治決定プロセスから疎外されている、自分たちは主流ではない、という意味でのマイノリティ意識が運動の基盤でした。そこから、女性運動や障碍者運動といった、参加者の属性を掲げた運動がおきたわけです。

　しかし現代では、誰がマジョリティなのかわからない。みんな不安定になっているし、みんな政治決定プロセスから疎外されているという不満を持っている。それが現代の運動では、たとえばOWSの「We are 99%」つまり、「われわれは99％だ」というスローガンになって現れる。参加者も老若男女で特定の属性がないから、「学生運動」とか「女性運動」にはならない。

　そういう意味で、2015年夏の国会前で「国民なめるな」というコールを聞いて、現代的だなと思ったのです。われわれは99％であり、政治決定から疎外されている、というわけです。だからあそこでいう「国民なめるな」というのは、「We are 99%」の日本版表現なのだろうな、と思っていました。日本国憲法で「国民」が主権者とされている、という歴史的文脈もあるでしょう。もっといい表現がないのか、という議論はあっていいとは思いますが。

――「国民」という言葉を使うのは、保守的だという批判もありましたね。

小熊　いいか悪いかは別として、現代の運動は、表面的には「保守的」なものが少なくない。グローバル合意を優先する政権の方が「改革」を迫り、国内民主主義を無視するなという側が「慣例を守れ」という主張になるという構図は、ときどき見ら

れます。香港基本法を守れと主張した雨傘運動もそうですし、そもそも労働運動の「雇用を守れ」なんて「保守的」な運動ですよ。しかし、そういうことを指摘してレッテル貼りをしても、あまり意味はない。

――新しい安保法制を通す方が「改革」で、反対運動は保守的だ、という批判もありました。

小熊 なんでもいいから変える方がいいんだ、新しければすべていいんだ、みたいな雑な主張は論じるに値しない。それとは別に、安保法制は必要だ、だから通し方が多少乱暴でもいいんだ、それに反対する人は国際環境がわかっていない、みたいな意見がありますね。そういう人は、現代の抗議運動の本質がわかっていない。先にも述べたように、法案そのものへの反対よりも、「勝手に決めるな」の方が強かったと私は思います。

　私の印象でいえば、「新しい政策」みたいなことを言う人のなかには、政策は新しいのかもしれないけれど、その実現のしかたについては古い考えしか持っていないことが多い。

――安保法制は必要だったと思いますか。

小熊 あれは11の法案を束ねたものです。おまけに、日本周辺の有事対応のものと、中東などでの米軍支援のためのものと、国連平和維持活動のためのものが、混在していました。その三つは、本来は全然別のことであり、個別に議論すべきものです。日本周辺の国際環境変化に対応する法制が必要だとしても、11の法案すべてをまとめて通すということに賛成とはとても言えない。

　安保法制は必要だという方の主張も、目を通しました。しかし、11の法案のうち一部分が必要だということの主張にはなっ

ているな、と思えるものにとどまっていたと思います。あとは、日米同盟の強化に必要だというあいまいな主張が多かったけれど、あれを通せばどういうプロセスでどういうふうに同盟が強まるのか説明がない。それでは賛成できません。そもそも、「国民はもっと安全保障に理解を深めるべきだ」と言いながら、国会での議論に時間はかけなくていいというのは矛盾でしょう。
——そうですね。
小熊「東アジア情勢が変化している」から「集団的自衛権が必要だ」のあいだには距離がある。「集団的自衛権が必要だ」から「安保法制は必要だ」までのあいだは、さらに距離がある。同じく、「日米同盟は重要だ」から「安保法制を一刻も早く通すべきだ」のあいだも、相当の距離があります。それらのあいだを、いきなりジャンプして結論に持っていく人が多いように思いました。安保法制反対論には雑な議論もあったとは思いますが、支持論の方もあまり変わらない印象でした。私なら、その状態であれば、「勝手に決めるな」の方に賛同しますね。
——いい政策をきちんと作って実施すれば、それでいいんだという意見についてはどうですか。
小熊 それは、「どんなお客も満足させる品物をお勧めできるカリスマ店員」みたいな話ですね。今のように複雑化した時代に、可能とは思えません。現代のように複雑化した時代には、どんな優秀な専門家も、すべてのことはわからない。一部の専門家、たとえば防衛の専門家だけで政策を決めたら危険です。だから公開性と議論が必要であり、「勝手に決めるな」なんですよ。

メディアの機能不全

——では、2012年と2015年で、違うところはありますか。

小熊 いちばん違ったのは、メディアの反応でしょう。運動の性格とか、規模とかは、ほとんど変わらない。しかし2012年はメディアがまともに報道しなかったけれど、2015年はだいぶ報道した。そこが違いますね。

——それはなぜですか。

小熊 一言で言ってしまうと、2015年は「安保・憲法・学生」というキーワードがそろっていた。だから60年代のアナロジーで報道しやすかった。実態は60年代とはぜんぜん違うものでしたけれどね。

——もう少し説明してください。

小熊 人間はまったく新奇なもの、見慣れていないものは理解できない。参照する枠組みがないからです。たとえば、私たちは地面が揺れてガタガタ鳴っているとき、「地震だ」とわかります。「地震」という枠組みを持っているからです。しかし地震がない国から来た人は、「振動している」「ビルが揺れている」といったことを見たり感じたりしても、「地震」という枠組みを持っていない。だから何が起きているのか理解できず、パニックになってしまう。一つ一つの「事実」から、全体像としての「現実」を構成することは、何らかの枠組みを持っていないと不可能であるわけです。

　原発事故が起きたあと、大きな抗議運動が始まった。けれども日本のメディアは、30年以上も大きな運動なんか取材したことがない。経験もないし、担当する部署も、専門の記者もいない。近年の世界的な運動についてもよく知らない。だから理解

できなかった。そして、既存の参照枠組みにむりやりあてはめようとした。「共産党がやっているんじゃないか」「極左暴力集団じゃないか」といった具合にです。

　そうではないとわかると、「自分が理解できないものは大したものじゃない。報道する価値はない」と否認する。そして、メディアのなかで「旧革新系の著名人」と認知されている人がスピーチした集会、つまり自分の枠組みで理解できる場合だけ報道する。「頭の固いおじさん」にありがちな姿勢ですよ。

——わかりやすい反応ですね。

小熊 もちろん、メディアの人が全員そういう姿勢だったわけではない。しかし、現場の記者が事態の変化を察知しても、年配のデスクや部長が理解できない。おまけに、いまのメディアは中高年がおもな購読者・視聴者なので、昔と違う内容のことは報道しても理解できないだろう、だから報道するのはむずかしい、とも考えていたようです。

　そして、首相官邸前に20万人が集まってから、さすがにあわてて報道し始めた。しかしやはり、事態の変化がわからない。わかることといえば、どうも60年代のデモとは違うようだ、ということだけ。それで、「音楽をとりいれたカジュアルなデモ」とか、「SNSが広がりの秘密」とか、あまり本質的でない表面の事象ばかりとりあげていた。

　それでもさすがに、日本でも大規模な抗議運動は起きるらしい、ということだけはメディアも理解した。それからだんだん、担当の記者やセクションを設けたりして、2013年の特定秘密保護法反対運動のときは、報道が増えていった。そして2015年を迎えたわけです。

――なるほど。

小熊 そのうえ2015年夏の運動は、前述のように「安保・憲法・学生」の三つのキーワードがそろっていた。これはメディアにとっては、すごく報道しやすい。中高年の部長もわかるし、視聴者や読者にもわかるだろう、というわけです。本当はまったく理解していないんですが、「60年代の再来だ」「保守と革新の対決だ」という枠組みで認識しやすかったんでしょう。そして、何でもかんでも「学生団体SEALDs」が起こしたことだ、というふうに報道してしまった。

――古い枠組みをあてはめやすかったんですね。

小熊 当のSEALDsのメンバーたちにとっては、痛しかゆしだったでしょうね。彼らのなかには、旧来型の「保守」「革新」の枠組みをあてはめられるのは迷惑だった人もいたでしょう。

――それほど、「安保・憲法・学生」の枠組みが強かった。

小熊 それで彼らが得をした部分と、損をした部分があるでしょう。得をしたのは、メディアが飛びついたことで広く知られ、たった200人の集団の活動でたくさんの人が動かされた。もちろん、動いた人たちはそれぞれの理解と思惑で動いたわけで、いわば彼らは触媒だった。触媒なしではなかなか進まない化学反応を、早く進めたわけです。

――損をしたのは？

小熊 彼らは古い「革新」の再来だ、とみなされて嫌う人も多かった、ということですね。

――そういう現象は、日本ならではでしょうか。

小熊 必ずしも日本だけではないです。たとえば香港や台湾の運動も「学生が参加している」と報じられましたが、実際に行っ

てみると、学生以外の参加者の方が多かった。また学生といっても、台湾の立法院占拠のときは、キャリアアップのために働いたあとに入り直した30代の大学院生とかも多かったそうです。それでも学生と名乗った方が、実態が昔の「学生運動」とどんなに違っていても、一般の理解が得やすかったと聞きました。

　どうも日本だけでなく、東アジアの中高年には、「学生は運動をしてもよろしい」という価値観があるようです。しかしそれは、「最後の政治決定は年長者がやるべきだ」「学生も卒業すれば現実を悟るだろう」という認識と表裏一体ですから、保守的な価値観なのですけれどね。

――運動にもお国柄があるわけですね。

小熊 現象としては普遍的なものでも、その社会で共有されている価値観に沿って、表れる形が少しずつ違う。ほかにもたとえば、放射線量計測の運動をしている日本の母親の運動とかは、ドイツでは理解されやすい。でもアメリカでは、「父子家庭に対する配慮がない」と批判されてしまうかもしれません。

――そういうものですか。

小熊 いいか悪いかは別として、社会に共有されている価値観に沿っていた方が、理解も報道もされやすい。日本のマスメディアの人たちが2012年や2015年の運動をどう報道するか見ていましたが、まず主催者や参加者から「学生」と「母親」を探していた。彼らの頭のなかでは、「学生」と「母親」が、「ふつうの人」の代表格なんでしょう。

　その基準でいけば、首都圏反原発連合や「素人の乱」にいた認知的プレカリアートの人たちは、日本のメディアにとっては理解できない対象だったのでしょう。2011年から12年の運動が、

15年に比べてまともに報道されなかったのは、そのためもあると思います。

——メディアの枠組みの古さが、理解と報道を妨げたと。

小熊 古い枠組みが、21世紀の現実と合っていないという点では、政治の機能不全と同じです。

——メディアの信用が下がっているのはそのためですか。

小熊 そう言っていいでしょう。報道の枠組みが、30年前とか40年前と基本的に同じものだったら、現代の人にリアリティが感じられないのは当然ですし、現代社会をまともに報道できないのも当然です。社会全体がそういう状態のときに、よりよい枠組みを作るための素案を提起するのが、学者の役割の一つでしょう。

原発の未来

——原発の未来はどうなると思いますか。

小熊 私の意見では、原発はまさに20世紀の象徴です。高度成長期の日本のTVコマーシャルで、「大きいことはいいことだ」というのがありましたが、そういうものでしょう。完全に時代遅れですね。

——未来のエネルギーだという触れ込みですが。

小熊 それは、20世紀半ばに育った中高年の頭のなかに残っている残像を利用した宣伝です。製造業が産業の中心で、電力消費量と経済成長率がほぼ比例していた時代のイメージですよ。

——原発なしの未来は考えられますか。

小熊 それは話が逆で、「原発がある未来が考えられるのか」と問うべきです。実際に、2012年以降、ほとんど原発なしで日本

は成り立っていますよね。

　それも理由があって、日本の電力需要は21世紀に入るころから伸び悩んでいた。産業構造が変わっていったからです。さらにリーマンショックがあった2008年から2009年にかけて、電力需要が7％も落ちた。そこから少し持ち直したけれども、2011年以降はまた10％以上落ちている。原発事故のあと、省エネ意識が普及したこともありますが、電力価格が上がったので産業界が省エネに努めたことが大きい。太陽光発電が2012年以降に伸びて、夏のピーク時にはかなりの貢献をしているのも事実だけれど、それ以上に電力需要が減っているんです。

――原発を止めていると、化石燃料の消費が増えて、貿易赤字がかさむという意見がありますが。

小熊　2013年から14年ごろに、そういう話が唱えられましたね。じつは、2012年に原発が全部止まったあとも、化石燃料総体の輸入量はそれほど増えてない。2013年ごろは、震災前の2010年ごろにくらべて原油価格が2倍近く上がって、おまけに円が対ドルで2割くらい安くなっていた。だから、たとえ輸入量が増えなくても、輸入額は増えたんです。原油が下がって、円が上がったら、あまりそういう話は聞かなくなった。

　そもそも、電力に使う化石燃料は、全体からみれば一部です。また貿易赤字が増えたいちばんの原因は、中国で作られたスマートフォンなど情報機器の輸入が増えたことです。「原発が止まって化石燃料の輸入が増え、貿易赤字が増えた」というのは、一つ一つは嘘とは言えないけれども、ちょっと雑な議論だと思いますね。それに、九州や四国で2基や3基の原子炉が動いたところで、それが日本全体の化石燃料輸入や貿易赤字を減らす

効果はたかが知れていますよ。

——でも、これからどんどん再稼働するんでしょう。

小熊 それはどうでしょうね。論文にも書いたけれど、再稼働するには福島事故後に導入された新規制基準を通る必要があり、それには原子炉一基あたり一千億円くらいの追加投資が必要です。事故前の日本には54基の原発があったけれども、福島第一原発の６基と、老朽化した６基はもう廃炉が決まりました。残った42基のうち、電力会社が再稼働のための審査を規制庁に申請したのは26基しかない。残りは追加投資をしても見合うのか、様子見しているからです。せっかく追加投資して審査を通っても、訴訟で止められたりしたら大損害ですしね。

では、その26基のうち、いったい何基くらい審査を通過するのか。経済誌などがいろいろ予測しているけれども、当面は10基あまりだろうという予測が多い。定期点検もありますし、稼働率が６割くらいとして、一度に動いているのは５基か６基でしょう。それが化石燃料輸入を減らす効果は、あるとしても限定的です。

しかも原発が動くのは西日本が中心で、東日本は実質的に脱原発になる可能性が高い。事故前に54基あった状況からくらべれば、もう日本の原発が斜陽なのは明らかですよ。

——しかし、世界ではどうですか。原発輸出も進められています。

小熊 日本ではもう作れないから輸出するしかない、ということでしょう。しかし、世界的にも原発は斜陽産業です。

そもそも、事故を起こしてもかまわないなら原発は安いけれども、事故を起こさないようにするためにコストがかかる。つ

まり、人々の安全意識が上がっていくと、原発のコストは上がっていく。だから先進国ではどこでも建設コストが上がりすぎて、もう実質的に作れなくなっている。日本が原子炉を輸出する予定だったベトナムでも、コストがかかりすぎるというので2016年に計画中止になりました。

　ただし、北朝鮮や中国やロシアのように、民衆の不安や不満があっても押さえつけられるような権威主義体制で、しかも核兵器とペアで原発開発を進めようというような国は話が別です。しかし日本がそういう国になるのかといえば、その可能性はさすがに高くないと思いますね。

──日本でも、核兵器開発をするために原発を維持するという声もありますが。

小熊　そういう発言をする政治家がいることは事実です。しかし、私には本気とは思えません。原発の技術があるからといって、ただちに核兵器を作れるわけではない。もし日本がそんな方向に動き出したら、現在の北朝鮮と同様の立場になるわけで、国際的には自殺行為ですよ。

　そもそも、本気で核兵器を開発する気だったら、「核開発のためにも原発の維持を」なんて気軽に発言すると思いますか？本気なら極秘にして、黙ってやるでしょう。

──たしかに。

小熊　そういう発言は、安易に気分で言っているとしか思えません。「原発を止めたことが貿易赤字の原因だ」といった発言もそうだけれども、リアリストを気取っているようでいて、あまり現実を踏まえた主張ではない。

──原発がないと、地方がやっていけないという意見について

はどうですか。

小熊 その場合の「地方」とは、どこのことでしょう。全国に1700以上ある自治体のうち、原発関係の立地自治体は20ほどにすぎません。立地自治体についていえば、廃炉だけでも年十年もの仕事があります。また、別に原発でなくても、別の産業なり交付金があればいい、という人も多いでしょう。

　これは日本で石炭産業が消えていった時と同じで、斜陽産業が撤退するときに、どういうふうに雇用や地域の対策を立てていけばいいかという政策的な問題です。石炭産業が撤退するときは、労働者や地域をどうするかの対策よりも、採炭企業を生き残らせることに政策の重点を置いてしまった傾向があった。どこの原発をいつ廃炉にするか、国全体の方針を決めてきちんと政策的に対応したほうが、現状よりいいと思いますね。

──そうしないで、原発を再稼働する方向に向かっているのはどうしてなのでしょう。

小熊 要するに「決断がつかない」ということなのだと思います。電力会社にすれば、動いていない工場と同じですから、動かしてお金をもうけたい、不良資産になったら会社がつぶれる、だから絶対動かしたい、ということではあるでしょう。とはいえ、追加投資してまで新基準を通っても、今後もずっと安定的に動かし続けられるかはわからない。いまは様子見半分というところでしょうね。政府がきちんと決断して、こういうふうに費用分担して、こういう計画でやめるから、電力会社も安心してくださいというふうに決めた方が、経済界にとってもありがたいのではないかと思いますよ。

──利益関係で政治と癒着しているということはないのですか。

小熊 それはあるでしょうけれど、それがすべてではないと思います。しかし原子力でも石炭でも、要らないものは、政治的に無理をして保護したり維持したりしても、いずれはなくなります。早めに見切って、しっかり方向性を出した方が、私はいいと思いますね。

今後の日本政治
── 2016年参議院選挙の結果は、どう思いましたか。
小熊 予想の範囲内でした。SELADsの活動については、よくやったな、というのが率直な感想ですね。
── でも、目標としていた「改憲勢力3分の2阻止」は、できなかった。
小熊 そういう目標を掲げたのは、「安保・憲法・学生」の枠組みで高揚してしまった以上、流れでしょう。しかし実際に各選挙区の候補、選対の人数、その日常活動の蓄積その他を考えれば、おそらく実力相応、あるいはちょっと上の結果だったと思いますよ。そんなことは、SELADsのメンバーだって、わかっていたでしょう。
── 自民党はあまりにも強かったと。
小熊 そこはどうでしょう。私は論文その他でよく書いていることだけれども、自民党の党員数は、1991年にくらべて2割以下に激減している。しかし公明党の助けもあって、各小選挙区で、おそらく3割くらいの住民は把握しているのだと思います。それで投票率が6割以下なら、絶対に勝てる。野党が分裂していたら、さらに絶対に勝つ。だから2015年夏の国会前で、「野党は共闘」という声が自然発生的に起きてきたとき、「ああ、み

んな賢くなっているんだな」と思いましたよ。そして実際に、共闘が実現したわけですからね。

——そういう意味では、一歩ずつでも成長している。

小熊 そう言っていいでしょう。SEALDsについて言えば、たった数十人のグループが10万単位の人を動かし、野党を共闘させるに至り、選挙結果にも影響を与えた。それだけで、たいへんなサクセスストーリーでしょう。

——そうですね。

小熊 もちろん先ほどから言っているように、彼らは一種の触媒であって、彼らをきっかけにして人々が動いたわけです。その動き方は、必ずしも彼らの当初の意図どおりではなかったかもしれないけれども、とにかく触媒の役割は果たした。しかし歴史家として言えば、歴史上の英雄なんてものは、みんなそうですよ。その人をきっかけにして、多くの人が動いたのであって、その人自身が巨大な力を持っていたわけじゃない。もちろん、それなりに有能で努力はしたにしてもね。

——でも、安倍政権は手ごわいですね。

小熊 どうでしょう。まず「安倍政権」といっても、一から十まで安倍さん個人がしきっているわけではない。また自民党内でライバルが出てこないのは、自民党が衰退して有力な政治家が少なくなっている兆候ともいえます。

——でも、支持率も高いです。

小熊 距離をとって考えれば、こうも考えられます。90年代の後半と、2000年代後半は、たくさんの首相が1年で交代した。また1990年代末と、2010年前後は、景気がどん底だった。そういう不安定な政治に、国民が飽き飽きし、景気も回復したところ

でできた政権は、比較的長持ちします。それが小泉純一郎政権と、第2次安倍政権だった、というふうに考えることもできますね。

——そんな考え方はしたことがありませんでした。

小熊 そもそも、国民の7割以上は、政治ニュースを詳細に見たり聞いたりしていないと思います。安倍首相の戦後70年談話の内容を精読したり、金融政策を点検したうえで、安倍政権を支持すると世論調査で答えている人は、たぶん10％もいないと思いますよ。

そして、どの世論調査を見ても、安倍政権支持の理由の第1位は「ほかの内閣よりよさそうだから」です。つまり、野党も魅力がないし、首相が1年で代わるのも飽きたし、まあいいか、という支持ではないでしょうか。少なくとも、「この政策が成功したので政権支持率が伸びました」なんてもっともらしいことを言っているのは、マスコミの政治部記者だけだと思います。しかも彼らだって、ただの建前としてそう書いているのかもしれない。

——では、日本政治の未来は明るいですか。

小熊 そこは何とも言えません。前提として、グローバル化と情報化、不安定化は、今後どんどん進むでしょう。そこで予想される未来図は、政治に関して言えば、つぎの三つです。

——三つとは。

小熊 一つは社会運動の台頭。二つ目は、テレビなどで人気が出た人が突発的に票を獲得する現象。三番目は、投票率の低下です。

——社会運動の台頭はお話がありましたが、残りを説明してく

ださい。

小熊 まず人間の移動が激しくなり、一つの地域とか、一つの職場にずっと安定しているということが少なくなる。そうなると、社会的なネットワークが減って、投票率が下がります。投票というのは、隣近所とか職場とかのネットワークを通じて、人間のダイレクトな働きかけや情報で行なわれることが多い。日本でも、一定地域の居住年数3年以下の層は、有意に投票率が低いです。もとから政治に関心が高く、周囲の働きかけがなくても、新聞やテレビやネットの情報を積極的に集めて投票するなんて人は、そう多いわけではない。

　こういう現象は、アメリカの方が進んでいます。2014年のアメリカ議会の中間選挙なんて、投票率が36％だった。

──そんなに低いんですか。

小熊 しかし、ふだんは棄権する人も、「自分たちは政治から疎外されている」「エリートが勝手に決めている」という不満は、強く持っています。何かのきっかけで、それが爆発することがある。その方向が二つあって、一つは社会運動であり、もう一つはテレビの人気者が突発的に大量得票すること。2016年のアメリカ大統領予備選挙でいえば、前者の流れを象徴したのがバーニー・サンダースで、後者がドナルド・トランプですね。

──日本でも類似の現象がありますか。

小熊 社会運動の台頭は、2011年以降に目立ってきた。奇しくもアメリカと同時期ですね。そして東京と大阪のような、自民党の基盤があまり強くない大都市では、90年代半ば以降、テレビその他で有名人になった人以外が当選したことがあまりない。テレビの人気者に、自民党や公明党が相乗りすることはありま

すが、対立した場合は自民党の方が負けている。

——サンダースとトランプについては、どちらもポピュリズムだ、と言う人もいます。

小熊 それは立場によりますね。いちおう選挙はやるけれども、政治というものは、既存政党の有力政治家、官僚、有識者といった限られたサークルが中心になって決めるべきだ、という立場にたてば、どちらもポピュリズムでしょう。だけれども、それは特定の立場から見た、一面的な意見だと思います。また先ほども述べたように、そんな政治観は、これほど複雑化した現代では通用しない。

——その二つの方向に行かないで、投票率が下がっていくだけだと、どうなりますか。

小熊 その場合は、投票しなくても問題ない、偉い人にまかせておけばいい、と多くの人が思ってくれていることが前提です。そのためには、政府は「パンとサーカス」を提供し続けなければならない。具体的には、公共事業なり何なりで、お金を配り続けるしかない。それが財政的に持たなくなったら、格差がもっと拡大し、治安が悪化します。麻薬がはびこることもあるし、自暴自棄になった人が銃の乱射やテロに走ることもある。そうなった社会は、世界にいろいろありますよ。

——それはまずいですね。

小熊 だから、選択肢は三つです。第一は、社会運動が台頭し、政治の透明性が増して、政治に関心や参加意識を持つ人が増えるという選択。第二は、投票率がどんどん下がり、政治からの疎外感が増し、治安が悪化するという選択。第三は、そういう状態にうんざりした人々の支持を得て、突発的に人気者が大量

得票するという選択です。
　そこで問題は、その三つのうち、どれがいいですか？　ということです。もちろん私も、社会運動なら何でもいい、とは言いません。しかし震災後の日本の抗議運動についていえば、非暴力だし、政党政治家と話し合って協力する姿勢もあるし、実際にそれによって政党も動いた。その方向が伸びた方がいいと思いますけれどね。

100年後の視点から作った映画

監督インタビュー②

メキシコで制作を思いついた

――映画を作ったきっかけを、改めて教えて下さい。

小熊 2014年の1月から3月に、メキシコの大学で講義をしました。そのときに、福島原発事故後の東京の状況を話しながら、インターネット上の映像を見せたんです。そうしたら、「とても興味深い」「全然知らなかった」という反応が多かった。それで、外国の人が観ることができる作品を作った方がいいな、と思ったんです。

――最初は外国の人に観せるために作ったと。

小熊 きっかけはそうです。しかし歴史家として言うと、日本では1960年代の出来事なんかも、断片的な回想記くらいしか残っていない。東京であんな大規模な社会運動が起きたのは何十年ぶりのことですし、官邸前が20万人で埋まるなんて現象は、さらに何十年かは起きないだろうと考えた。運動の性格も、過去とはかなり違う。これは学者の役割として、記録しておかないといけないと当時から思っていました。そして社会学の立場から分析した本（『原発を止める人々――3・11から官邸前まで』文藝春秋刊）は、2013年に編纂して出しました。しかし、やはり映像は強いなとメキシコで実感したわけです。

――それで映像作品を作ったわけですか。

小熊 そうです。だけど、映画を作ったことはないし、映画を作

りたいと思ったこともなかった。テレビ局とかが作ってくれていたら、やる必要はなかったんです。嫌味に聞こえるかもしれないけれど、「何で俺がこんなことをやらなきゃいけないんだろうな」と思っていました。
——それでも作ろうと思ったと。
小熊 ある種の義務感みたいなものはありました。まあ、歴史学者であり、社会学者ですから、記録はするべきだと思った。日本の人は自覚していないようですが、あの運動はニューヨークの「オキュパイ・ウォールストリート（OWS）」や日本の全共闘運動などよりずっと大規模でしたし、香港の雨傘革命や日本の60年安保闘争よりむしろ成果を上げていた。それが記録されないまま忘れられるなんてことは、見過ごせないと思いました。
——全共闘運動より大きい運動だったとは意外です。
小熊 全共闘運動の最大の集会は、1968年11月の東大安田講堂前で、2万人でした。同時期のベトナム反戦運動で最大のデモは、69年6月にべ平連（ベトナムに平和を！　市民連合）などが主催したもので、参加者は7万人でした。数から言えば、20万人が集まった2012年の方がずっと多い。また組織動員もなく官庁街を埋め、首相と会談し、結果として時の政権に政策を変えた運動など、世界にほとんど例がない。ニューヨークでも香港でも、できなかったことです。メディアが大きく報道しなかったので、それがよく知られていませんが、記録することは必要と思いました。

誰もやらないなら、自分がやればいい
——どういう形で制作が始まりましたか。

小熊 メキシコから帰って、いまも毎週金曜にやっている官邸前抗議の主催者に相談した。彼らは協力すると約束してくれて、映像エンジニアの石崎俊一さんを紹介してくれました。それで石崎さんと2014年5月に会い、「映画を作ろうじゃないか。出資と監督は俺で、編集と撮影は君だ」と私が言って、すぐ話が決まった。彼も2011年以降の東京の運動によく参加していて、自分で撮影もしていたから、映像記録を作る意義はすぐわかってくれました。

——初めての映像制作で、スタッフ総勢2名というのは不安がなかったですか。

小熊 なかったです。「これはできる」という確信は最初からあった。本を書くときもそうですけど、最初からヴィジョンが見えているときは、実際にできるものなんですよ。

——二人だけで映画はできるものなんですか。

小熊 いまは昔と違います。20年前なら大手スタジオにしかなかったような機材が、いまは数万円で買える。私はバンドをやっていて、自分で録音やミックスをやったり、ディストリビューターに売り込んだりしたこともあったから、そういう事情は知っていました。実際に、石崎さんの持っているカメラとPCで十分だった。

——小熊さんが全額を出資したんですか。

小熊 それも面倒が嫌いだったからです。誰かに出してもらったり、クラウドファンディングをやったりすると、関わる人が増えるし、時間もかかる。だったら自分で全部出した方が早い。それにインタビューとネット上の映像から作るとすれば、そんなにお金はかからないだろうとも思った。いまはいい機材が安

いから、高いスタジオを借りたりする必要もない。

──フットワークが軽いですね。

小熊 誰かが作ってくれるのを待つより、自分でやった方がてっとり早い、という姿勢は元からありました。だいたい、「誰かが記録するべきなのに、誰もやらない。だから日本はだめなんだ」みたいな姿勢は、みっともないでしょう。「誰もやらないなら、自分がやればいいじゃないか」という方がすっきりして好きです。またバンドの経験から、人数を増やすと面倒が増えやすいし、スピード感も落ちると思っていました。

──でも、学者が映画を作るなんて、とふつうは思いますが。

小熊 自分にとっては、著作や論文を書くのも、映画を作るのもそんなに違わない。社会で起きていることを分析し、言葉や映像の断片を集め、作品として記録するという点では同じです。別に映画監督になろうと思ったわけではなく、作りたいと思ったし、作らなければいけないと思ったから作ったんです。それは論文でも著作でも映画でも同じことです。

──そこに境界はないと。

小熊 私は肩書には興味がない。論文を書いているときは学者だし、映画を作っているときは監督だけれども、それは役割であって肩書じゃない。それに、映画という方法ではあるけれども、学術的な仕事だと思っていますよ。

──運動に参加しながら、観察と研究をし、映画も作ったということですか。

小熊 2012年夏に、官邸前抗議の現場をメディアの人と歩いたとき、こういうことがありました。メディアの人が「いまのデモは昔と違って、ふつうの人が参加しているんですね。子連れの

主婦が来ています」と言った。そこで私は、「いまの東京圏では、子連れの専業主婦は多数派ではないですよ」と言いました。社会に対する認識がずれているなあ、と思ったんです。いまの「ふつうの人」は、年金生活者か、非正規雇用の未婚男女かもしれない。もっと正確に言えば、「ふつうの人」なんて、いまは存在しないんです。

――社会運動のあり方を見ていると、社会の変化がわかる。

小熊 運動は社会の鏡です。だから参加しようと思ったし、観察して研究しようと思ったんですよ。

――参加と研究は両立するんですか。

小熊 私にとっては矛盾しません。「いまこの状況で自分はどう行動するべきか」と、「それは2万キロ、100年の距離をとったときどう位置づけられるか」は、私のなかでは常に両輪です。だから、参加しながら研究するのに矛盾を感じない。逆に言うと、「3日後の評判がどうなっているか」とか「目の前の相手にどう思われるか」とかは、あまり興味がない。そちらの方が気になる人は、参加と研究は両立しないかもしれませんね。

――制作を始めてから、映画作りの勉強をしましたか。

小熊 多少はネットで調べようとしたり、その種の本を手に取ってみました。だけど、あまり参考にならなかった。監督の仕事とは、映画の最終形をヴィジョンとして確立して、それを実現するために全体の指揮をとることです。その具体的なやり方は個々の監督によって違いますから、文字で伝達するのはむずかしいようですね。それにたいていの映画の場合、監督の最大の仕事は、大所帯の撮影チームをまとめあげたり、企画書を書いて予算を獲得したりすることです。しかし、私の場合はそうい

うことは関係なかった。その意味でも、参考になったものはなかったです。

知恵と信頼があればお金はかからない
——進行はどんなふうに。
小熊 まず2014年5月から6月にかけて、ネット上で映像を探しました。それをざっと構成してみたら、5時間くらいになって（笑）。それを削って1時間あまりにして、使う映像を確定した。そして使用確定した映像をアップロードしていた人たちに許諾をとりながら、2014年秋からインタビューを撮影していった。そしてインタビューと映像を構成したら、7時間くらいになった（笑）。それを削って、だいたい形になったのが2015年2月。それから微調整をしたり、音楽や英語字幕をつけたりして、2015年5月に完成しました。
——ネット上の映像を使ううえで気をつけたことは。
小熊 撮影者の許諾をきちんととる、ということですね。映像をアップロードしているサイトから、連絡を送って企画の趣旨を説明しました。そして映像著作権が専門の弁護士を紹介してもらって、編集した映画のラフに目を通してもらい、問題がないか確認にしてもらった。エンドロールに使用した映像の出典一覧がついていますが、あれは弁護士のアドバイスでつけたものです。映像的にも、映像出典一覧が映画をふりかえる役割を果たすようにしたので、おもしろい効果が出ました。
——映像の許諾はスムーズにとれたんですか。
小熊 許諾のとれない映像は使わない方針だったし、実際に使えなかった映像もあります。だけど、みなさん予想以上に、とて

も協力的でした。何回連絡しても返事がないというのはいくつかあったけれど、明確に断られたのは1件しかなかった。きちんと趣旨を説明したら、たいてい快く協力してくれました。「もう誰も見なくなって埋もれてしまっているから使ってください」とか、「あなたが自腹で出資しているなら」とか、そういう反応が多かったように思います。

——そんなにうまくいくものなんですか。

小熊 ドキュメンタリー映画というのは、対象にした人々なりコミュニティなりに受け入れられて、スムーズに撮影ができるようになるまでに時間がかかるものです。だけどこの映画の場合は、インタビューした人はここ数年の出来事のなかで知り合った人たちが中心だったし、映像提供者も私のことを知っている人が多かった。その意味では、どこかの映画会社とかが、ゼロから同じことをやろうとしても、たぶんできなかったろうと思います。

——スタッフ2人で、作業の分担は。

小熊 私がやったことはインタビューと、各種の渉外、そして「この映像の何分何秒から何分何秒までをここにつないで」とか指示することでした。石崎さんは、インタビューを撮影したり、映像提供者にメールを出したり、私の指示に応じて編集作業をすることだった。最終形になるまでに、何回も削ったり構成し直したりしたので、石崎さんは大変だったと思います。英語字幕は私がとりあえずつけて、官邸前抗議に来ているネイティブの翻訳者に校正してもらい、さらにプロの英語字幕制作者に手直ししてもらいました。

——英語力がおありなんですね。

小熊 いいえ、とても褒められた英語字幕ではなかった。だけど、「ここまでは自力でやった」という姿勢を示すことが大切だと思ったんです。いきなり丸投げで「お願いします」ではなくてね。「一緒にやろうぜ。俺はここまではやったけど、君の力がどうしても必要だ」という姿勢を示すと、意外と手伝ってもらえるものだと思いますよ。

――すごいですね。しかも全部無償。

小熊 ほかの形で信頼関係を築いているから、可能なことだと思います。そして信頼関係があれば、お金はあまりかからない。お金がかかりすぎるのは、どこか無理をしている証拠だと思っています。もともと、この映画で描かれた運動のおもしろいところは、過去の運動のやり方にとらわれずに、大きな組織や資本に頼らないで、自分たちで工夫することだった。映画の作り方も、工夫をしてイノベーションをした方がいいと思いました。

――英語以外の字幕は作りましたか。

小熊 フランス語、ドイツ語、スペイン語、中国語、韓国語の字幕を作りました。フランス語は、映画を観たプロの字幕制作者が作ってくれました。ドイツ語はドイツ人の大学教授と彼のクラスの学生たち、スペイン語はアルゼンチン人の大学院生、中国語は台湾の反原発活動家、韓国語は独立系映画祭の実行委員会が作ってくれました。全部、無償協力です。

――ある意味、美しい話ですね。

小熊 それはそう思います。これを言うと嘘くさく聞こえるかもしれないけれど、お互いにある種の信頼感があったと思います。映像を提供してくれた人も、インタビューに出た人も、英語字幕の校正をしてくれた人も、みんな無償で協力してくれました。

この映画は、私個人の力ではなくて、そういう相互信頼の力でできた映画です。もしこの映画が人を感動させるとしたら、人間が持っているそういう力が映っているからだと思いますね。

メッセージより表情を記録したかった
──構成で意識したことはありますか。

小熊 予備知識ゼロの人にもわかるように、ということは意識しました。外国はもちろん、日本でもあと20年もすれば、原発事故の経緯を知らない人が多くなる。最初から、外国の人や、30年後の人に向けて作るつもりでしたからね。だから、事故の経緯も必要最低限は描きました。

──メキシコの人々は、「東京電力」も「自民党」も知りませんからね。

小熊 同じ理由で、日本国内で有名な人に焦点を当てるような編集の仕方もしませんでした。もっと有名な人をインタビューするとか、著名な人がデモに出てきた映像を入れるとか、そういう作り方もあるだろうけれど、日本で有名な人でもメキシコでは「この人は何？」ですから。それは、50年後の日本の人にとっても同じことです。

──でも、菅直人さんは有名人でしょう。

小熊 それはメキシコの人でも、「この人が事故当時の日本の首相か」と見てくれるだろうと思いました。でも彼も含めて、100年後や500年後の観客からすれば、いま有名な人でもみんな無名人ですよ。つまり地理的にも時間的にも、現在の日本からは距離のある視点に立って編集したということです。

──たしかに、距離感があるというか、淡々とした映画ですね。

小熊 音楽をたくさん入れて煽情的にするとか、特定のメッセージを打ち出すとかは、できるだけやらなかった。音楽は最後の部分にしか入っていない。学者の作る作品らしく、社会科学的な視点もまじえて、フラットに歴史を記録したつもりです。

──メッセージはないのですか。

小熊 最後にマハトマ・ガンディーの言葉で締めくくっていますが、あれはどうにでも解釈できる言葉なのがいいと思って、最後に入れたんです。どう解釈するかは、観た人の自由です。

──そうなんですか。

小熊 もともと、論文や著作は別に出していたわけだから、文字でやれることを映像でやる気はなかった。だから、文字で書けるメッセージを映画で打ち出すことは、初めから考えなかった。映画を作ったのは、人の表情とか、声の震えとか、文字には表現できないことを記録するためでした。首相官邸前に20万人が集まったときの空撮のインパクトは、文字では表現できない。だから映像を集めるときの基準は、映像そのものとしてインパクトがあるかどうかが第一でした。それはインタビューでも同じです。話している内容よりも、表情や声の調子の方が大切だと思いました。

──インタビューのときにそれを意識したのですか。

小熊 一人あたり２時間くらいインタビューしたのですが、そのさいに「地震のときにどこで何をしていましたか」という質問から始めました。そして、「原発事故をどうやって知りましたか」「そのとき何を考えましたか」というふうに聞いていった。そうすると、表情や声の調子が、震災当時に戻るんです。そして、「最初にデモに参加したのはいつどうやってですか」「その

ときどう思いましたか」と聞いていくと、原発事故から1年半の変化を当人がたどり直す。だから結果として、2時間弱の映画なのに、最初と最後で表情が変わっているんです。

　そういう表情や声、つまり当時の恐怖、迷い、喜び、怒り、失望、高揚、そして1年半のあいだにおける人間の変化といったものを記録するのが、インタビューの目的でした。それは映像でしかできない。逆に言うと、その人の現在の政治的意見とかは、質問しませんでした。それは文字で書けることだからです。

── インタビューは、一人が長く話すのではなく、短くカットしてつないでいますね。

小熊「これはいい表情をしているな」という映像を選んでも、15秒以上はもたない。アナウンサーやプロの役者ではないから、必ず「うー」とか「あー」とか言いよどむわけです。だからといって、テレビでよくやるような編集、つまり「うー」とか言っている部分をカットして整理すると、つまらなくなってしまう。言いよどみも含めて、表情や声色があり、それが失われてしまうからです。

　それで仕方がないから、一人が話すのは1回15秒くらいにぶつ切りにして、それを短くつなぎ合わせるという手法をとった。それだと、不自然にならずに、かつまた緊張感が持続すると思ったからです。煽情的な音楽をつけて持たせるという方法もあったかもしれませんが、それはやりたくなかった。

主題は「社会の死と再生」

── 8人にインタビューしていますが、人選はどうやって。

小熊 基本的に、原発事故後の運動の経緯で知り合った人たちから選びました。人選基準としては、男女同数にして、階層、出身地、政治的志向などが散らばるようにした。元首相からアナーキストまで、経営者から店員まで、といった具合にです。社会学のサンプル抽出調査と同じで、属性が違う人々を組み合わせると、全体を疑似的に描くことになる。アメリカ映画なんかでよくやる手法ですよ。西部出身、東部出身、南部出身、女性もアフリカ系もアジア系もいて、そういう人たちが違いを乗り越えて協同していく。一つの社会の多様性、危機、そして再生を描くというストーリーです。日本の観客が、この映画をそういう見方をしたかはわかりませんけれどね。

――そういう意図で選ばれたと。

小熊 おもしろいのは、観た人によって、インタビューした8人のうち、誰が気に入るかが違うんです。どこの国で上映しても、知的なビジネスマンで社会的関心もあるみたいな人は、「あの若い経営者がよかった」と言う。おとなしい感じの女性は、「あの店員さんがよかった」と言う。少し保守的な人は、「あの福島から来たおばさん、あの人だけは否定できない」とか言う。日本に留学したことのある外国人は、みんな「あのオランダ女性の気持ちはよくわかる」と言う。どんな観客が観ても、自分が共感できる人が見つけられるように、と考えて選びました。

――これまでのドキュメンタリー映画と違うと思いますか。

小熊 単純に、ネット上の映像を集めて作るというのは、10年前ならあり得なかった。また日本のドキュメンタリー映画は、村とか学校とか職場とかに撮影クルーが通いつめ、誰か主役を設定しながら、コミュニティの生活を描くものが多い。あれはも

ともと文化人類学や教育学の記録映画の作り方だと思いますが、それが日本のドキュメンタリー映画の源流になり、現在にまで受け継がれたのでしょう。そういうやり方はしないで、政治的志向や階層の違う男女4人ずつから、集合的な経験と声が浮かび上がるようにした。それは私が社会学者であって、ドラマ作者やこれまでのドキュメンタリー映画監督の発想ではなかったからかもしれません。

――学者の視点からの映画だと。

小熊 しかし結果的に言えば、アメリカやイギリスの放送局が作る歴史記録映画、たとえば「ベトナム戦争の記録」とかには近い作り方だと思いますよ。当時の戦闘とか国際会議といった記録映像を中心に、政治家や下級兵士や村人といった多様な立場の人々のインタビューをまじえて、多角的に歴史を記録するというスタイルです。

――だから学術的な仕事であるというわけですね。

小熊 そうですね。全体をまとめるストーリーとしては、原発事故の恐怖、運動の台頭、弾圧と沈滞、再度の高揚、といったシンプルでわかりやすい話にしました。そこで描かれる主題は、人間の変化であり、尊厳の回復であり、一つの社会の死と再生ですよ。

――脱原発が主題の映画ではないのですか。

小熊 観る人がどう受け取るかはともかく、「原発問題」を訴えるための映画ではないでしょう。日本の原発産業の歴史とか、放射能の危険性の科学的説明とか、そういったことは出てこない。それらは、文字で書けることですから、映像でやる気はなかった。

――たしかに、福島原発事故の経緯が中心ではないですね。

小熊 そもそも、映画で描かれているのは東京の抗議運動だけで、福島のことは出てこない。東京の運動のなかでも、この映画にとりあげられているのはごく一部の流れです。それはわかっていたけれども、当時の日本で起きていたことのすべてを2時間弱の映像作品にするなんてことは不可能です。あれもこれも入れて総花的にするより、割り切って編集することにしました。しかし同時に、描かれているのは全体の一部であることを観客にわかってもらうために、エンドロールに当時の抗議デモのリストをつけた。そういうコンセプトを決め、具体的な方針を出すのが、監督の役割です。

――リストは2012年9月で終わっています。

小熊 日本での上映後の質疑応答では、「なぜ2012年9月で終わっているんですか」と聞かれることが多かった。映画を公開したのが2015年8月からで、ちょうど安保法制抗議運動が盛んなときでしたから、「なぜ2015年夏まで描かないのか」と聞くわけです。

　しかしそういう意見が出るのは、同時代の出来事だと思うからです。あれが40年前の記録、たとえば「ベトナム戦争の記録」という映画だったら、戦争が終わった1975年で一区切りつけるでしょう。その3年後である1978年まで延ばすことに、あまり意味はない。最初からそういう視点で作っていましたから、あの運動が一つのピークを迎えた2012年夏で切るのが当然だと考えていました。私は社会学者であり、歴史学者だから、2万キロとか100年とかの距離をとって現代社会をみるのが習慣になっている。しかし観客は、なかなかそういう距離をとって観

――小熊さん自身も映画に映り込んでいますね。

小熊 自分の存在を強調する気はなかったけれど、当時の映像の片隅に自分が映っているからといって、わざわざ削除しようとも思わなかった。100年後の視点からみれば、「小熊英二」も、ただの無名参加者ですから。必要な映像だと思ったから使った、ということです。

――タイトルはどのような意図でつけたのですか。

小熊 『首相官邸の前で』と言うと、2015年時点なら、官邸前の抗議運動のことだと思ったかもしれません。でも50年後の人は何も知らない。「官邸の前で何をやる話なんだろう」と思ってくれればいいな、と思ってつけました。50年後にもたぶん日本に首相はいるだろうし、首相官邸はあるでしょうから。あまり、「怒り」とか「悲しみ」とか、感情的な題名はつけたくなかった。

公開を工夫する

――作ったあとの公開はどのように。

小熊 2015年5月に完成したところで、人づての紹介で映画配給会社のアップリンクに持ち込みました。そうしたら観てくれて、アップリンクで経営しているミニシアターで上映し、全国への配給もしてくれるということになった。いまは映画を作るのは技術的に簡単になったけれど、公開して配給するのが大変です。私は出版社で働いていたことがあったし、自分でCDを作ったこともあったから、配給してお客に来てもらうのが大変だろうな、と思っていました。

――映画の配給についての知識はあったのですか。

小熊 そういうことが書いてある本があまりない。私が見つけたのは、経産省が公表していた「クール・ジャパン戦略」の報告書くらいです。それによると、日本の映画配給システムは、映画の製作者に一方的にリスクがかかる方式になっているのが問題だ、とされていました。

――具体的には？

小熊 全部がそうかは知りませんが、私が見知った範囲で言うと、たとえば映画館の入場料が1000円だとすれば、半分は映画館に入る。残った500円のうち半分を配給会社がとり、250円が製作者に入る。となると、１万人が観たとしても、製作者には250万円しか入らない。そして、ポスターとかチラシとかパンフレットとか、宣伝にかかる経費は製作者が負担する。それが映画業界の慣例であるようです。たとえば映画の製作費と宣伝経費で２億5000万円かかったら、100万人に観てもらわないと製作者はペイしない。ペイしなかった場合のリスクは、製作者が負うわけです。

――それはきついですね。

小熊 昔の日本の映画産業は、監督も製作者も東宝とか東映とかの社員で、映画館も映画会社の系列だった。だから、会社が製作費も宣伝費も出して、配給もやるという前提だったんでしょう。その会社のメンバー以外の人間が、映画を作って持ち込むなら、配給はするけれど製作費や宣伝費は製作者が負担してくれ、というところから始まった慣例なんじゃないかと思います。本でいえば、自費出版と同じシステムですよ。

　しかしこれだと、製作者にリスクがかかりすぎる。多くの映

画監督が、スポンサー探しに奔走しているとか、ほとんど食えないといった話があるのは、ある意味で当然です。

——そういう条件のなかで、どう工夫しましたか。

小熊 まず私の場合は、映画それじたいの製作費は、あまりかからなかった。そしてアップリンクと話し合って、宣伝経費のかけ方も、ゼロベースで見直すことにした。たとえばマスコミ向けの試写会は、昔からある試写会場を借りるのがふつうですが、それに１回５万円くらいかかる。昔と違って映写設備がある場所はどこにでもあるのに、なぜそこを借りるのかといえば、業界の慣例以外の理由がなさそうだった。それで、知り合いの出版社の人に、プロジェクターがある会議室を借りてもらうことにして、実質無料で試写会ができました。

——それもいい話ですね。

小熊 信頼関係と工夫があれば、配給でも必要以上のお金はかからないということです。

——そのほか、公開で工夫したことは。

小熊 できるだけ、上映後に、観客どうしで話し合ってもらうことにしました。それは、「講演会」とか「トークイベント」とは違います。私が前に出てきたとしても、私が一方的に話すのではなくて、まず観客が隣どうしで話す時間を作り、私やゲストとやりとりするのを中心とする。私抜きで、観客だけで話し合ってもらうというのも、けっこうやりました。参加者が主役だという趣旨の映画なのに、私が壇上から一方的に講演したら、おかしいでしょう。

——映画館もそれに協力したんですか。

小熊 アップリンクと話し合ったときに、私はこういうふうに言

ったんです。「いまどき、映画を観るだけならネットで十分。わざわざ映画館まで来るなんてことをする人は、別のことを期待しているんだ」とね。映画とか芝居とかは、それそのものを鑑賞するより、観たあとにそれを話題にして話し合うのがおもしろいんですよ。いわば映画は、観た人どうしの関係を作るきっかけにすぎません。映画館の側も、映画を観せるだけではなくて、イベントを開かないと客が来ない状況になってきているのはわかっている。私が「どうせ大儲けができる映画じゃないんだから、これを機会に、いろいろ試してみましょうよ」と持ちかけたら、けっこう協力してくれました。

――成功しましたか。

小熊 思ったよりはよかったと思います。私が壇上に出てきて、「まずは隣の人と話してください。質疑応答はそれからです」というと、みなさんとまどっていたけれど、そのうち話し出す。それでも「壇上から立派なことを言ってくれないかな」という姿勢の人もいますけれど、「待っていても私は何もして差しあげないですよ」と言ったりしました。

――それはそれは。

小熊 「受け身でいたらだめですよ」という趣旨の映画なんだから、映画の内容に沿っているでしょう。

――自主上映も勧められていましたね。

小熊 ふつう、自主上映は映画館での興行が終わってから受け付けます。しかしこの映画の場合は、自主上映を格安の２万円で受け付けました。たいして多くの上映館でやるわけでもないのだから、上映館とは競合しないし、むしろ宣伝になる。「観たいんですけど自分のいる地方ではやっていない」という人には、

「自分で上映したらいいんですよ。自宅のリビングに20人集めて、一人1000円ずつ出してもらえばいいんです」と言っていました。

——誰でもできるんだ、と。

小熊 一人だけで観るよりも、協力してくれる人を集めたり、場所を工夫したりして上映会を開いた方がいい。先にも言ったように、この映画は関係を作るきっかけになればいい、と考えていましたから。作品というのは、作っただけで終わりではなくて、受け手がいて成立するものです。だから作り方だけではなくて、公開の過程まで新しいことをやってみたかった。

——地方の上映にも行きましたか。

小熊 数か所は行きました。「来てほしい」という声はたくさんあったけど、私が行くより、地元の人で何とかする方がいいと思っていました。「東京から偉い人が来て盛り上げてくれないだろうか」みたいな姿勢より、「自分たちで何とかするし、自分たちの地元で講師を見つける」という方が健全だろう、と思ったからです。あとはいまどきの時代だから、スカイプで上映館のスクリーンにゲスト出演して、観客と討論したりしましたね。

反応からみえるもの

——映画を公開した2015年8月は、安保法制反対運動の時期と重なっていましたね。

小熊 試写会場で質疑応答したり、メディアの取材をうけたあとに、国会前に行ったりしていましたね。安保法制への抗議運動と時期が重なったことは、映画に注目を集めるといううえでは

ラッキーだった。せっかちな観客には、「安保法制反対運動の記録映画だと思って観にきたのに違った」とかいう人がいましたが、まあそれは、映像作品を作るのは大変だということを何も知らない人の反応ですからね。

――狙って公開時期を決めたというわけではないんですか。

小熊 いいえ。制作を始めたのが2014年春で、完成したのが2015年5月。官邸前・国会前の大きな道路が人であふれるなんてことは、自分が生きているうちは二度とないだろう、と思っていました。その意味では予測がはずれた。原発事故後に変化した抗議運動の政治文化が、定着したと思いましたね。

――映画を観ると、安保法制反対運動は、反原発運動の下地があってのことだったとわかりました。

小熊 そう思ってもかまいません。しかし、それは2016年に観たときの反応です。50年たったら、2015年の安保法制反対運動の方は忘れられて、2012年の脱原発運動の方だけが歴史として記録されているかもしれません。あるいは、もっと違う位置づけになっているかもしれない。実際に、同じ場所で同じようなやり方をしているわけですから、影響は明らかだと思いますが。

――外国の人に観てもらったことはありますか。

小熊 映画祭でいくつか上映されたほか、外国の大学や学会、あるいは運動団体やオルタナティブ系芸術家集団などが上映を主催してくれました。私自身は、ドイツ、フランス、スイス、オーストリア、オーストラリア、スペイン、ベルギー、スウェーデン、台湾、韓国、アメリカなどを回りました。日本の観客と違って、「あれは菅直人だ」とか「あれは首都圏反原発連合だ」とかいった予備知識がない。逆にいうと先入観がないので、素

直に観てくれた人が多かったと思います。

――それは具体的には。

小熊 多かった反応は、「とてもパワフルなヒューマン・ドキュメントだ」「ネット上の映像を集めてクラウドソーシングした手法が新鮮だ」「首相と会談するところまでいったなんてすごい。自分の国では考えられない」といったもの。それと、「日本人に親近感を持った」というものですね。日本人というと、感情や意見を表に出さず、何を考えているのかわからないイメージがあったけれど、それが変わったと。「これは、もう一つの『クール・ジャパン』だ」という声もありました。おそらく外国の人で、この映画を観て日本が好きになる人はいても、嫌いになる人はいないと思います。

――その国ならではの反応というのはありましたか。

小熊 ドイツは放射能問題に関心が高いとか、フランスはそうでもないとか、そういった濃淡はあったけれど、そんなに国による相違はない。逆に「こういう質問は日本でしか出ないな」というものはありましたよ。

――どんな反応ですか。

小熊 一つは「なぜ原発推進派の人にもインタビューしなかったのか。偏っている」というもの。もう一つは「音楽を鳴らしながらデモなんて不謹慎ではないか」というものです。この二つは、日本ではけっこう多かったけれど、日本以外では聞かれたことがない。

――なぜそういう意見が出るのでしょう。

小熊 単純に、こういう映画や映像を観ることに、慣れていないからでしょう。人間は、見慣れていないものに出会うと、知っ

ているものとの対比で理解しようとする。そうなると、日本の「中立公正・両論併記」のメディア報道しか比較基準がない。そこからはずれている、違和感がある、どう受け止めていいのかわからない、ということが言いたかったんだと思います。そういう人が、わざわざ観に来てくれたというのはとてもいいことだ、と思って受け答えしましたけれどね。

——どう答えたんですか。

小熊「偏っている」という意見には、こういうふうに答えました。「方針として、映像としてインパクトが強いもの、人が本気で訴えている映像を選びました。しかしたいていの原発推進に賛成の人は、電力需給がどうこうとか、温暖化対策がどうしたとか、本人も本当に信じているのか疑わしいような公式見解しか話さないでしょう？　この映画でも、野田佳彦首相が話している場面で、がくんと緊張感が落ちますよね。そういうのは、映像として採用したくなかったんです」。

ほかにも、「マスコミの人にインタビューしなかったのはなぜですか」とか、「原発問題に無関心の人にもインタビューすべきだったのでは」とかいう質問もありましたが、答えは同じです。前にも言ったように、人間の変化と、社会の死と再生を描くのが主題の映画なのであって、その主題に沿って映像を組み立てているわけですからね。

——ほかに、意外な反応はありましたか。

小熊　そういえば、「私は人が怒っているところとか、泣いているところを観るのが苦手なんです」とか、「これが外国のこととか、フィクションだったら、受け入れられるんですけど」とかいう反応もありました。役者が怒ったり泣いたりしているド

ラマは観たことがあるけど、本当に人が訴えている場面は、映像でも実人生でも見たことがないということでしょう。そこまでくると、質問者がどういう人生を送ってきたのか、心配になりましたね。それ以上に、日本のテレビメディアは罪深いと思いました。

―― どうしてそうなるのでしょう。

小熊 日本のマスコミは、視聴者や上司のクレームに神経質だからだと思います。たとえば2011年の時点では、「デモを報道するのは、特定の政治的主張のアピールを広めることになり、それじたいが中立公正に反するというクレームがつく。だから、デモは報道しない」などと言うメディアの人もいました。またデモの参加者を映すと、肖像権を侵害したというクレームがつく可能性があるので、参加者の顔は映さないという方針をとっていたりする。だからデモを報道するとしても、参加者の表情とかスピーチといった生々しい部分は映さないで、遠景とかプラカードとかだけを映し、これまで問題なかった範囲の無難な報道をしがちになると聞きました。

―― そんなに不自由なんですか。

小熊 実際には、単なる事なかれ主義だと思いますけれどね。私は肖像権の判例とかを調べたり、弁護士に目を通してもらったりしましたが、この映画のやり方なら基本的に問題はないようです。本気でやろうと思い、自分で調べて知恵をしぼれば、無知からくる自主規制は突破できると思います。

観ることが経験になる

小熊 日本でも日本以外でも、いちばん多かった観客からの反応

は、「こんなに大きな運動が起きていたとは」というものと、「日本のメディアは何をやっていたんだ」というものでした。外国では、「日本のメディアは、権力におびえて報道しなかった臆病者だったのか、それとも愚鈍だったのか」とまで聞かれました。

——どう答えましたか。

小熊 当時は民主党政権だったし、政権がメディアを統制したという話はあまり聞かなかった。だから私は、「自分の印象では、原因の1割が臆病、9割が愚鈍というところだと思う。ある意味で、わかってはいるけれど弾圧があって報道しなかったというより、重症だ」と答えました。

——そうですか。

小熊 映画で使った映像に、20万人が官邸前に集まったときの空撮があります。あれは当時、独立メディアが募金でヘリコプターを飛ばして撮影したものです。あれがなかったら、後世の歴史では、なかったことになっていたかもしれません。日本のマスメディアがその役割を担わなかったことに対しては、「恥を知れ」の一言ですね。

——そう考えると、記録することは大切だとわかりますね。

小熊 そう思ったことが、映画にした動機の一つです。空撮のほかにも、たくさんの映像を自発的に撮っていた市民がいたから、何とか個々の映像は残っていた。そういうばらばらの力を、まとめあげて一つにしたのが、この映画であるわけです。

——最後に、この映画をどう観てもらいたいですか。

小熊 どう観るかは観客の自由ですが、外国で上映するときは、たいていこんなふうに紹介していました。

「日本はこの20年、経済の停滞、雇用の不安定化、政治の機能不全に悩まされてきた。しかし考えてみれば、これらは全部、どこの国でも共通のはずだ。そして、何かのきっかけで大きな社会運動が起きていることも、どこでも共通だ。日本の場合は、きっかけは原発事故だった。

そしてそれは、ニューヨークや、スペインや、香港や、台湾の運動と、ほぼ同じ時期の出来事だった。しかし、日本の運動は、メディアがまともに報道しなかったために、世界に知られなかった。

この映画は、8人のインタビューと、当時の映像で構成されている。8人は、男性と女性が4人ずつ。男性は当時の首相、病院事務員、若手経営者、アナーキスト。女性は運動のリーダー、福島からの避難者、女性店員、オランダ人ビジネスパーソン。階層で言えば経営者から店員まで、政治的志向でいえば首相からアナーキストまで、出身地でいえば福島からオランダまで広がっている。こうした多様な人々が、社会の危機に直面し、どう行動し、どう変化していったか。それがこの映画の主題だ。

この映画の主題は、一つの社会の死と再生であり、人間の尊厳の回復だ。そういう普遍的なテーマを受け取ってほしい」
——映画を観る人に何を期待していますか。
小熊 正直なところ、DVDを出すのは最初は乗り気でなかった。経験的に、長編の映画を、DVDやネットでずっと集中して観る人はいません。たいてい飛ばして観たり、何かほかのことをして「ながら視聴」しがちです。だから、いまどきアナクロだとは思ったけれど、映画館で2時間すわっていてもらって、半強制的に集中してもらう方がいいと思っていた。それに映画館

なら、一人で観るのではなくて、ほかの観客と一緒に観て、そのあと話し合うことができるわけです。

　だからDVDで初めて観る人は、できれば時間をとって、家族なり友人なり複数の人と一緒に観ることをお勧めします。その方が、集中して観られる。またいまは、どの対象にたいしても集中して観る能力が衰えているし、衰えた集中力でも注意をひきつけられるような演出をした作品が多い。いまの日本のテレビ番組は、そうなっています。

　だけど作品というのは、作り手と観客が、相互作用で作るものです。観客が積極的に集中した方が、絶対にいい経験になる。そして観た人どうしが話し合った方が、もっといい経験になる。単にすばやく消費しているだけでは、そういう経験は得られません。

　だからゆっくり観て、観たあと話し合ってほしいですね。私はある意図をもって制作したけれども、いろいろな見方ができる映画だと思います。会話を交わしてみると、感想がそれぞれ違うはずです。映画をきっかけにして、他人とふだんできない話をしてみるのもおもしろいでしょう。インターネットの時代でも、人間はじかに言葉を交わすことが、ほんらい好きなはずですから。

人間と社会の変化

観客とのアフタートーク

彼らをどうやって見つけたのか

小熊 映画はいかがでしたか？ 楽しんでいただけましたでしょうか。ご自由に、感想でも意見でも、どうぞ。では、そちらの方。

——すばらしい映画だと思いました。出てくる人たちのうち、菅直人さん以外は無名人で、なんでこんな地味な人たちを出してくるんだろうと最初は思う。でも、観ているうちにそんな思いはどんどん変わっていく。そのことにもとても感動したんですけれども、この人たちはどう見つけ出したのでしょうか。

小熊 ほとんどは、「記録映画を作りたいんだけど、協力してくれる？」と話しかけ、「いいですよ」と返事があり、「じゃあ、何月何日に場所はここで」といった感じでした。ところで、どの人がいちばん地味でしたか？

——失礼かもしれませんが、育児用品会社の社長さんが、「大丈夫かな」みたいな感じでしたね。事故直後の感想もいちばんふつうの市民っぽくて、ちょっと頼りないと最初は思いました。でもエンディングでは、すばらしい人だと思いました。

小熊 そうですか。こんど、当人に伝えましょう。ほかの方は？

タイトルについて

——英語のタイトルは"Tell the Prime Minister"ですよね。私

は海外に行くたびに、日本人は政治家にあまりものを言わない、黙っているんだろうと言われて、複雑な思いをしました。だからこのタイトルは、日本人も首相に物申すんだ、という意味でつけたのかなと思ったんですが、違いますか。

小熊 じつは最初は、「首相官邸の前で」を英語に直訳したんですが、あまり語調がよくなかった。それで、自分で英訳字幕をつけているときに、いまの英語タイトルを思いつきました。それにあたる発言を、映画に映っている人がときどき発言しているからです。だから私が「そうするべきだ」と思ってつけたのではなくて、映画に出てくる人たちが使った言葉です。こちらの方がいい題名だという人もいますね。

──私もそう思います。

小熊 しかし、これを日本語訳すると語調がよくない。だから題名が違うんです。それにドイツでは、「ドイツにPrime Ministerという役職はない（英語ではFederal Chancellorと訳され、日本では「首相」と訳される）。ドイツ人がこの言葉を聞いて思うのは、『イギリスの政治の話かな』ということだ」と言われました。だから、ドイツ語やフランス語の字幕版では、題名はそれぞれ変えたりしました。それぞれの社会で、いちばん理解されやすい表現を選ぶというのが基本方針です。

　しかし、ご感想はよくわかります。海外で上映したときは、「日本人のイメージが変わった」「これまで日本人に偏見を持っていたことを自覚した」という声がよくありました。

警官の映像はどうして？

小熊 では、次の方。

――警官の一人が、とまどった表情で映っているのが印象的でした。あれはどうやって撮影したのですか。

小熊 あれは警官を意図的に映したものではないんです。官邸前抗議でのスピーチを固定カメラでずっと映していた人がいたんですが、そのカメラの前を警官が横切って、10秒くらいとどまっていたときの映像なんです。ネット上にあったたくさんの映像をチェックしていたときに、「ああ、この警官の表情はいいな」と思って、その部分だけ使わせてもらいました。

――偶然の映像なんですか。

小熊 そうです。全体の方針として、演技やセットではできない表情とか、雰囲気が映っている映像を選んで使いました。ついでに言うと、あの映像の最後で警官がどいたあと、後ろの方に私が立っているのが映っていますよ。あのあと、私がスピーチしましたからね。

――それは気がつきませんでした。

小熊 実写というのは、撮影者が意図していないことも映っているし、いろいろな解釈ができる。そこが私にとってはおもしろい。だから、くりかえし見ると、いろいろ発見があると思います。ほかの方は？

「早く帰ってください」と言う必要はあったのか？

――大変感動しました。しかし官邸前が抗議の人であふれたとき、私もいたんですが、主催者が解散させたことに納得がいかなかった。たとえば警官の方に向かって、「道路を占拠することを認めろ」というようなことは言えなかったのか。

小熊 そういう意見の方もいるでしょう。しかし私は2011年4月

からずっと東京の抗議運動を見ていましたけれども、その年の８月から規制が厳しくなって、何もしていないのに逮捕されるような事態まで起きて、いったん潰れている。逮捕者が出たら、あとのケアも大変だし、運動を建て直すのも大変だということは、主催者はよくわかっていた。その経緯を知っている人たちで、あの判断をだめだと言ったのは、私が知る限りではいません。

　そもそも、官邸の真ん前であんなことをやれていることじたいが、奇跡に近い。2012年３月に官邸前抗議を始めたときは、主催者はそれこそ薄氷を踏むような慎重さでした。脱原発の世論が強くて、強制排除したら批判があるだろうと警察が考えたのと、主催者が慎重で警察が介入する口実を作らせなかったのが、やれていた理由だとしか私には思えない。交通の混乱とか、歩行者の苦情とか、何か口実があれば介入できるわけです。まして映像でも映したように、警察車両が前面をふさいでいる状態だったわけですから、官邸に突っ込むなんてことは不可能だったと思いますよ。

――私も突っ込めばよかったと思っているわけではないですが、「早く帰ってください」と言う必要はなかったんじゃないか。

小熊 それは社会と状況によるでしょう。台湾の立法院を学生が占拠したときは、台湾の社会に支持する人が多かった。そういうときは、占拠するという判断もありえるでしょう。けれども、2012年夏の東京では、そういう雰囲気はなかったと思います。首都圏反原発連合といっても、実質は100人、せいぜい200人でした。その人数が「帰ってください」と呼びかけて、みんな帰ったということは、それが参加者の大多数の意志に沿っていた

ということではないでしょうか。彼らが「残ってください」と言って、翌朝までどのくらいの人が残ったかというと、そこは私にはわかりません。

「こんなにやったのに、この状況はなんだ」
——本当に貴重な記録だと思います。しかし、私はいま、ものすごく重い気持ちです。声を上げることを日本人は学んだ、ここまでのことをやった、それを記録することは貴重だと思う。10年後の日本人には、私は「絶対これを観ろ」と言いたい。世界の人にも勧めたい。でもいまの日本でこれを観ると、「こんなにやったのに、この状況はなんだ」という気持ちがしてしまう。

小熊 ありがとうございます。率直に言うと、「10年後の日本人には絶対観ろと言いたい」という反応だけでも、私は作った意味があったと思っています。こういう形で残さなかったら、なかったことになっていたかもしれないわけですから、まずは記録する。それを観てどう考えるかは、その人次第ですよ。

——私もこれは、歴史としてすばらしい記録だと思います。しかし、「声を上げてもいい」の次に、その声をどうやって形にするか、それを日本人が学ばなきゃいけない局面にあるんです。これは作品の責任じゃなく、受け止める方の責任として、これを希望の瞬間じゃなくて、希望の幕開けになるようにしなきゃいけない。

小熊 そう考えていただけるのは幸いです。そして具体的にどうするかとなれば、分析が必要です。たとえば現状の選挙制度のもとで、議席の勢力分布を変えたいということであれば、それ

に即して現状を分析し、対策を考えるとか、目標を変更するといったプロセスが必要になります。しかし私にとっては、そういうことは論文でやるべきことで、映画でやるべきことではない。映像は、表情とか声色とか雰囲気とか、文字では表現できないことを提示するのには向いているけれど、分析には向いていない。またそういった分析は、短文のコラムで書けるようなものでもない。そこは学術論文の領域です。

——それはそう思います。

小熊 大規模な抗議運動が起きても、なぜ選挙結果に直結しないのかの分析は、私なりに論文を別に書いています。もちろん、こういう分析は一人で全部できるものではないし、多方面の協力が必要です。さらに対策を立て、それを実行するという段階になったら、もっと別のプロセスが必要になる。それには最終的には、たとえばこの映画を観た人たちにも、どうするか考えて動いてもらわないといけないことになる。私一人で回答を出せるわけではない。まして、映画一本ですべてができるわけではありません。

——それはそのとおりで、だからこれは作品の責任じゃなく、受け止める方の責任です。ありがとうございました。

嫌なものは嫌だと声を上げていい

小熊 では、そちらの方どうぞ。

——素敵な作品を作ってくださってありがとうございました。私は脱原発とかデモといったものに、どちらかというと反発的な気持ちがあった。拝見していて、最初はすごく居心地が悪かった。この居心地の悪さは何だろうと自分自身に問いながら観

ていてわかったんですが、罪悪感だったんですよ。自分が原発を作ってしまったんだとか、電力を使っていたんだとか、加害者というか、権力側の意識になぜかなっていた。つまり、被害者側にちゃんと立てていないんだなということに気づきました。だから、反原発とかデモに抵抗があったんじゃないかと。そこから抜けて、ちゃんと被害者になって、嫌なものは嫌と言っていいんだ、声を上げていいんだというところに、ようやく立てたように思うんです。質問というよりも感想なんですけれど、そういう気持ちでいます。ありがとうございました。

小熊 ありがとうございました。作品はいわば鏡であって、そこに何が映っているかを読みとるのは観客です。あまり特定の方向性を打ち出さずに、観る人の自由な解釈を許容するものにしたかったのは、鏡として優れたものになってほしいと考えていたからです。

　関連してお話しすると、震災後にいわゆる良心的ジャーナリストと呼ばれる人たちの行動を見ていたら、ある種の罪悪感で行動していた人がいたように思います。つまり、自分たちは東京にいて電力を使っていたのだから、まず被災地に行き、福島に向き合うべきだ、と考えているように見えました。東京の脱原発運動がマスメディアだけでなく、フリージャーナリストやドキュメンタリー監督からもあまり省みられなかったのは、そのためもあったと思っています。

　しかし率直に言うと、私自身は、あまり加害者意識とか罪悪感とかは持ったことがありません。それが、この映画は東京の抗議運動を扱うのだ、福島のことはここでは取り上げない、という決断ができた理由の一つでもあるでしょう。

また私が、当時の東京の脱原発抗議運動が好ましいと思った理由の一つは、どこか遠くにいる可哀想な人たちのための運動というより、自分たちが怖い思いをした、自分たちが怒ったというところから始まった点ですね。そこが非常に自発的というか、自分は困っていないけれど義務感からやるんだという運動ではないように見えて、好ましいと思いました。東京の脱原発運動の参加者にも、ある種の罪悪感が動機だった人も多いですから、そう単純ではないですが。
小熊 それでは、そちらで手を挙げている方どうぞ。

ある方向に煽動されるのでは？

——この映画は記録だとおっしゃいますが、それにしてもある方向性のあるものと思います。単なる記録としてみることに、私は抵抗がありました。ある方向に、言葉は悪いですけれど煽動していくというか、そういう印象もありました。
小熊 どういう方向にですか。
——声を上げるのはいいことだ、という方向です。
小熊「声を上げるのはいいことだ」というのは、ほとんどどんな人でも、異論がないんじゃないですか。「黙ってじっと耐えるべきだ」と言う方がいいんですか？　いまどきそんな姿勢で待っていても、誰も助けてくれませんよ。
——記録だとおっしゃるのに違和感があるんです。
小熊 およそ記録というのは、事実を構成したものであるけれど、構成するには枠組みが必要です。それがあることは否定しないけれども、それはどんな作品や記録にだってあるんです。むしろ「中立公正」を装っている作品や報道の方が、「われこそは

中立公正である。これに異論のある者は偏っている」という政治的メッセージを発している。私はそういう「中立公正」を自称するほど傲慢ではないし、「賛成と反対を半分ずつにすれば中立だ」とか考えるほどナイーブでもない。

　ただし記録というからには、事実無根の素材から記録を構成していいわけではない。この映画には、実際にあったことを映した映像しか使っていないし、出典も明記してあるから誰でも事実かどうか検証できる。年号や事実関係に間違いがないかはチェックしたし、事実説明以外のコメントも入れていない。間違いの指摘や異論があったら、話し合う用意はある。そういう意味で、これは記録だと言っているんです。

　人間ができるのはそこまでであって、完全無欠の中立なんてありえないし、それを自称するのは嘘でしょう。この世のどこかに完全無欠、無色透明の中立公正な「記録」があるといえば、そんなものは、公共放送だろうと学校教科書だろうと、ありえないと私は思いますよ。

——デモに行かなければいけない、みたいな方向づけがあるようで、それが居心地が悪いんです。

小熊　それはあなたの感想であり、あなたの意見です。デモという表現手段が嫌いなら、別の形で表現すればいい。それぞれの意見は尊重されるべきだと思います。しかし私は、「中立公正」の陰に隠れて石を投げるような態度は嫌いです。

　ちなみに私は、デモや集会に行ってもスローガンを叫んだりしたことはないし、「安倍はやめろ」とか言ったこともない。性に合わないし、安倍さん個人が辞めても構造的な問題が解決するとも思っていないからです。

──正直、ちょっと居心地悪い感じがあったんです。それが言いたかったんです。

小熊 それをあなた自身の意見として言っていただくのはいいんです。それにあなた自身が、そういう声をいま、上げてくれていますよね。声を上げるのはいいことだと私は思いますし、それは歓迎です。観てくれてありがとうございました。

さて、ほかの方は。

次回作の予定は？

──率直に、いい映画でした。質問なんですけれど、次回作の予定はあるんですか。

小熊 次回作って、映像作品ですか？ 論文とか著作ではなくて？

──そうです。たとえばいま起きている安保法案反対運動のドキュメンタリーを、続きとして作るとかいう考えはありますか。

小熊 それはありません。第一に私の考えでは、映像作品は放送局や映像作家が作るべきで、この映画を私が作ったのは「誰もやらないから仕方なく」という理由だった。こんどは私以外の人がやるべきでしょう。

第二に、私は別に、映画監督になりたかったわけじゃない。映画を作ったんだから、責任者として「監督」と呼ばれても、それは引き受けます。しかし映画を作ったのは、この主題には映画がいちばんいい手段だ、と思ったからです。同じ題材でも、論文なり何なり、別の手段の方がいいと思ったらそうします。また、それまでに築いてきた信頼関係、ネット環境や技術の変化などから考えて、これは自分が動けば映画はできると思った

んです。何の見通しもないのにやったわけではない。

　そのうえでお答えすると、当面は映画を作ることは考えていません。絶対に二度と作らないと決めているわけではないけれど、少なくとも、映画監督になりたいからテーマを探す、みたいな発想はしていません。もしも将来、これは映画にしなければいけないと思うような対象があり、作れる環境があったらやるかもしれません。それはもう、「天の時、地の利、人の和」があり、自分がやるしかないな、と思えるかどうかですね。
――わかりました。
小熊 でも、そんなふうに言っていただけるというのは、幸いなことだと思います。では、そちらの方どうぞ。

幼稚だし、代案はあるのか？
――安保法制の反対運動について聞きたいと思います。私も国会前に行ってみたんですが、どうも「憲法守れ」とか「戦争反対」とか言っているのが、幼稚というか、代案がないように感じたんです。それについてはどう思われますか。
小熊 映画の話からははずれますが、逆に聞いてみましょう。ではあなたは、戦争した方がいいと思いますか？
――いいえ、もちろん思いません。
小熊 では、憲法は変えた方がいいと思いますか？
――自衛隊の位置づけがはっきりしないので、明確に軍として認めた方が、神学論争にならなくてすむと思います。
小熊 自衛隊の任務や行動範囲について、自衛隊法で明確に定めてあります。あなたは自衛隊法を読んだことがありますか。
――ありません。

小熊 あなたが理想として考えているように、憲法改正が進むと思いますか。

——それは、むずかしいでしょうね。

小熊 私自身は、憲法を変えても現状よりよくなるめどが現実としてないし、自衛隊法以上の位置づけもできるか疑問だと思う。あなたもそれは、内心では同意しているように思います。それなのに、なぜそういう質問をするのでしょう。

——それは……。

小熊 これはあなたのことを言うわけではないけれども、ときどき学生とかで、背伸びして現実主義を気取る人がいます。でもよく聞いていると、どうも「護憲派は幼稚だ」という認識が先にあり、「彼らと一緒にされたくない」というのが次にあって、そこから「だから憲法改正は必要だ」に飛躍する人がいる。その三つのあいだには、じつは相当の距離があるのに、「彼らと一緒にされたくない」という一点で飛躍していく。しかも、その人たちが「護憲派」と呼ぶ人と実際に話したこともなければ、憲法の条文もあまり読んだことがなかったりする。これは原発問題も同じで、「彼らと一緒にされたくない」というだけで、原発の必要性を力説したりする。そして「代案を出さないのは無責任だ」と言いながら、自分はそれを出さないで、誰か偉い人が素敵な案を出してくれるのを待っている。しかし私は、そういうナイーブさにはついていけない。

　私について言えば、「戦争反対」とか「憲法守れ」は、一種のかけ声だと思っていましたし、私自身は叫んだことはありません。ああいう場所で複雑な議論ができるわけでもないし、議論するなら別の場所でやればいい。あそこで叫んでいる人でも、

議論の場になれば、いろいろなことを考えて話すでしょう。そもそもああいう動きがあったから、議論をしようという機運も起きるわけで、その一点だけでも意義があると思いますが。
——ありがとうございました。

使えなかった映像は？

小熊 はい、次の方どうぞ。
——インターネット上の映像を使うというのが、新鮮なアイデアだと思いました。そこで聞きたいのは、使えなかった映像というのはありますか。
小熊 すべて撮影者に許諾をとって使わせてもらいましたが、ほとんどは快く了解してくれました。部分的に使えなかったものも、ほとんど代替の映像がみつかりました。

ただ逆に、探してもほとんど撮影されていない映像というのもあった。具体的に言うと、計画停電や節電で真っ暗になった新宿や銀座。あんな異常な光景は二度と撮影できない。それなのに、ほとんど誰も撮影していないんです。スーパーの店頭から物資が消えている風景は、たまたまアメリカ人のドキュメンタリー監督が撮影していた映像を使わせてもらいましたけれど、あれも日本人で撮影している人はほとんどいない。
——それはなぜだと思いますか。
小熊 独立系のメディアの人に聞いたら、「まず被災地を撮影しないといけないと思ったので、東京は撮影しなかった。いま考えてみると、当時の東京は異常な風景だったはずなのに」と言っていました。しかし私が思うに、当時の東京の人たちは、みんなあまりに原発事故が怖かったので、自分たちのことは考え

ないようにして、被災地救援に集中しようとしていた、という面もあったと思いますね。しかしそういう事故直後の異常な状態も、きちんと記録しなければ、後世の人から見れば何もなかったことになります。

　では、次の方どうぞ。

「忘れている」という現実をどう考えたらいいのか？
——映画を観させていただいて、ショックだったのは、自分が震災後の経緯をこんなにも忘れているのか、ということでした。映画を観ていると、ああこうだった、このときはああだった、というのを鮮明に思い出します。そういう意味で、この映画を作っていただいて本当によかったと思う一方、こんなにみんな忘れているという現実をどう考えたらいいでしょうか。

小熊　まず私は、事故直後の緊張状態がずっと続くべきだと思っていないし、続くとも思いません。あれは恐怖の体験ですから、長くは耐えられないし、忘れて平和に暮らせるならその方がいいというのが原則だと思うんですよ。

　それを前提に言いますが、ときどき「原発事故のことなんか、みんなもう忘れている」とか言う人がいるけれど、私はそうは思わない。東京圏で、タクシーの運転手でも会社員でも、誰でもいいから「2011年3月11日に何をしていましたか」と聞いたら、みんな鮮明に自分の経験を覚えていますよ。西日本の人はまた別だけれども、東北から関東の人には、あれは強烈な経験だったことは間違いない。

——しかし選挙では自民党が勝ち、原発が再稼働しているという現実がありますよね。

小熊 抗議運動と選挙結果がどう関係するのか、しないのかについては、詳しい分析が必要なので、自分が書いた論文に譲ります。ただ一点だけ述べると、私の予想よりはるかに早く、脱原発が進んだ。たとえば私は、2011年の時点で、日本の原発が全部止まるなんてことは予想していませんでした。あなたは予想していましたか。

――していませんでした。

小熊 また私は、日本で大規模な抗議デモが起きるとも思っていなかった。官邸前が万単位の人で埋まるなんてことも予想していなかった。あんなことはあれきりで、今後数十年は起きないだろうと思っていたら、2015年にも国会前が人であふれた。原発産業はもう斜陽だ、とは2011年の半ばくらいには確信したけれども、原発事故から５年たっても、片手で数えられるくらいの原子炉しか再稼働していない。すべて私の予想を超えていたわけです。おそらく、日本社会のほとんどの人の予想を超えていたでしょう。そして選挙の結果は、自分が知っていることを総合すれば、予想できる範囲内でした。

　私の意見で言えば、原発はもうピークをすぎた斜陽産業です。一昔前の石炭産業みたいなものですよ。遅かれ早かれ、先進国ではなくなります。そんなことは、原発推進派の人でも、ものがわかっている人は知っているはずです。これだけ情報化もグローバル化も進み、雇用形態も社会状態も変わっているのに、昭和の時代と同じように原発が維持できるわけがない。あまり目先のことに一喜一憂したり、根拠のない過剰な期待を抱いたり、その逆に根拠のない現状維持論にだまされたりせずに、冷静に事態を理解した方がいいというのが私の意見です。

それでは、次の方どうぞ。

音楽について

——最後に出てきた音楽が、とても印象的だったのですが、あれはどういった曲ですか。

小熊 音楽は最後に二曲だけ使いました。一曲は、昔から知り合いのミュージシャンで運動にも参加していた人たちに、私の自宅で演奏してもらって録音しました。映画のなかで、チンドン屋さんの衣装で出てきている人たちです。もう一曲は、彼らが集会で演奏していたネット上の映像から、音だけ使わせてもらいました。

——彼らのオリジナルなんですか。

小熊 いえ、二曲とも著作権がないトラディショナルです。一曲は黒人霊歌、もう一曲は南北戦争が題材の行進曲ですね。二曲とも、アメリカ人ならよく知っている曲です。黒人霊歌の「アメイジング・グレイス」は、新しい目覚めというのが歌詞の主題なので、アメリカの人はこの映画にぴったりだと思うらしい。だけどもう一曲は一種の軍歌だから、意外な選曲というか、おもしろい使い方だと思うみたいです。映画のエンディングに書いてあるように、韓国の民主化運動で使われていた曲なんですが、音楽がもとの意味を離れて使われていくのはおもしろいと思う。

——それ以外には音楽は使わなかったんですか。

小熊 使いませんでした。それには二つ理由がある。一つは、映像に記録されている音や雰囲気、声の調子を、音楽で損なってはいけないと思ったからです。また音楽というのは、特定の方

向に人間の感情をひっぱるので、退屈させないためには音楽をつけるのが簡単な方法なんだけど、使いすぎると素材を損なう。化学調味料みたいなものですよ。好みにもよるけど、使わないでも持たせられるならその方がいいと思った。

　もう一つの理由は、楽曲は使用許諾をとるのが大変なんです。ほかにも、ある楽曲を使おうと検討したのですが、映画に使うとなると、お金もかかるし手間もものすごく面倒。おまけに国ごとに著作権を管理している会社が違うので、各国で上映するたびに、契約を新たにやる必要があったりする。だからやめました。必要以上にお金をかけるより、工夫をして乗り切った方がいい、と考えたからです。

　では、そちらの方。

最後をガンディーの言葉でまとめたのは？

——私もあの官邸前抗議があったのは知っていましたけれど、やはり知識として知っているのと、映像で見るのは大違いだと思いました。こういうものだったのか、これほど大きな運動だったのかというのに驚き、自分の不明を反省しました。ところで質問なんですが、最後をガンディーの言葉でまとめられたのは、なぜだったのでしょう。

小熊 あれは実を言うと、それぞれの映像をつないで筋をつけたあと、どうやって終わらせるか考えたあげく、誰か有名な人の言葉で終わらせればいいだろう、という感じでつけました。あそこに私の主張が込められているというよりも、なんというか、終わりの挨拶みたいな感じですね。

——あの抗議が非暴力だったことを象徴したのかなとも思った

んですけれど。

小熊 映画は最終的に観客ひとりひとりのものですから、そう解釈してくださっていいんですが、私の意図としてはありませんでした。

あの言葉がいいと思ったのは、どうにでも解釈できるところです。「最初に彼らはあなたを無視し 次に笑い 次に挑みかかるだろう そしてあなたは勝つのだ」なんて、いじめをうけている会社員がリベンジする話かな、みたいな解釈もできますよね。つまり、誰でも自分の立場にひきつけて解釈できる言葉なんです。そこが、終わりの言葉としていいと思ったわけです。

ついでに言うと、あれはガンディーの言葉ではない、という説もあるんです。少なくとも、ガンディー全集にはあの言葉はないそうです。じつは19世紀のアメリカの労働運動家の言葉がもとだ、という説もあります。

しかし私は、名言というのはそうしたものだと思う。人から人へ伝わり、さらにはいろんな国やいろんな時代の異なる状況で使われているうちに、それぞれの立場から解釈され、変形していく。そうやっているうちに、どこの世界でも使えるような、普遍的なものになるわけです。そうなったときには、誰の発言かなんてことはもうどうでもいい話で、いわば「詠み人知らず」のトラディショナル、作者不明の伝承歌になる。

そういう無名性、あるいは普遍性が、私が描きたかったテーマに即していると思った。無名の人々が、特定の時代や、特定の国を超えた普遍的な行動をし、普遍的に理解されうる存在になるということです。それはどうにでも解釈できるけれど、「中立公正」としか解釈できませんよと言い張っているわけで

もない。最初にあの言葉を選んだときにそこまで考えていたわけではありませんが、結果としてそういうものを選びましたね。

では最後に、そちらの方どうぞ。

自称アナーキストの変化について

——映画でおもしろかったのは、アナーキストの方が最後に、自分の心情を語りますよね。アナーキストなのに信条をまげて首相に会ったということと、お父さんからの言葉に彼が感激したというのがアナーキストという自称と落差がある。個人的には彼にいちばん関心を抱きました。

小熊 そういう意見は、外国で上映したときによく聞きました。ありがとうございます。

作った立場から言うと、あの部分だけ、彼が一人で１分半くらい話しているんです。ほかのところでは、一人15秒以上は続けて話していない。あそこだけ長いんですが、彼の表情の変化がよかったので、あそこだけ長くとりました。

それと、彼のあの場面が印象に残るのは、彼があの経験を通じてどう変化したかがわかるからだと思うんです。この映画の主題の一つは、人間と社会の変化、死と再生です。事故から１年半のあいだの変化を、２時間弱に縮約してみせている。たいていどこの国でも、８人のインタビュイーが変化していっていることが共感を呼ぶようです。とくにあの人の場合は、それが最後の場面ではっきり出ているので、印象に残るのだと思います。

震災後日記

2011.3.11〜2012.9.16

2011年3月11日（金）
　午後2時46分、自宅で執筆中に強い揺れを感じる。長い時間続き、本棚が倒れてPCを直撃して破損した。
　固定電話も携帯電話も不通。東京都心部のオフィスで働いている妻と連絡がとれない。とりあえず、保育園で緊急避難体制に入っている5歳の娘を迎えに行く。首都圏の電車は全部止まっていて、オフィス街から3時間歩いて妻は帰宅。
　その後、家族と近所のうなぎ屋で食事中、福島県の原発で異変が起きたと報道があった。詳細は不明。

3月12日（土）
　福島第一原発で、1号機が1回目の水素爆発。官房長官は記者会見で、「何らかの爆発的事象」が起きたと説明した。
　状況が気になるが、ニュースでの公表は限定されている。1986年のチェルノブイリ原発事故のあと、原発反対運動に関わっていたことがあり、原発についていくらかの知識はあった。大学で物理学を学んだので、科学の基本的な考え方もわかる。
　自分のPCは壊れたままだが、友人から妻のパソコンにメールがあった。「いまのうちに飲料水を確保しておくように。水道が放射能で汚染される」。

3月13日（日）
　来日中の友人のフランス人アコーディオン奏者から、急ぎ帰国す

ると連絡がある。在日フランス大使館が東日本からの退避勧告を出し、帰国するように促しているとのこと。「見捨てるわけじゃないが、恐ろしい。日本を離れる」と伝えてきた。

3月14日（月）

　福島第一原発で、二度目の水素爆発。巨大な雲があがったこの映像は、海外のテレビではセンセーショナルに放映された。

　政府の公表でも、各地のモニタリングポストが観測する放射線量が上がっている。日本政府の基準では、一般人の放射線許容量は年間1ミリシーベルト。空気中の放射性物質の存在などで年間5ミリシーベルト強（3か月で1.3ミリシーベルト）の放射線量を超える場合は、放射線管理区域になる。放射線管理区域では、18歳以下は勤務できず、区域内の飲食は禁止である。

　単純に換算すれば、毎時0.6マイクロシーベルトを超えると、放射線管理区域と同等になる。福島県はもちろん、関東北部はこの数値を超えた。

3月15日（火）

　東京の新宿のモニタリングポストが、毎時0.8マイクロシーベルトを観測したと公表される。しかしこうした生のデータは公表されても、それが何を意味するのかは伝えられない。

　西日本に親戚がいたり、外国に知人がいる友人には、家族を避難させる者が出始めた。しかし仕事がある者、避難先のあてがない者、家のローンを抱えている者などは、逃げられない。

　保育園に娘を送っていく。親たちの反応はさまざま。自宅にこもって子供を外に出さない親もいれば、まったく気にしていない親もいる。「テレビでシーベルトとか、いろいろ言っているけど、ぜんぜんわからない」という母親は、布団も衣類も外に干している。

知識のありようはそれぞれだが、みなに共通しているのは、恐怖を感じていることだ。放射能の話題を避けようとしている。逃げられない者は、考えたくないのだろう。

3月17日（木）

　福島第一原発事故が収束しない。知識のある者は、インターネットで情報を収集している。放射能の影響や、事故以前の政府の規制基準との矛盾などに関する知識は、ネット上に存在している。

　しかしネット上の情報は誤りも多い。過剰に危険を煽るものや、福島からの避難者に向かって「放射能を西日本に持ち込むな」「放射能がうつる」と差別的に罵るものなどもある。逆に「煽るな」「パニックを広める気か」「臆病者」と、正しい情報を批判するものもある。

　もっとも頼りにしたのは、従来から原子力を批判していたNGOによる、インターネット上の中継放送である。政府に批判的な原子炉技術者や、放射線医学者が、毎日の公表情報から状況説明をしてくれるものだ。

　だが彼らも、避難するべきか否かの問いに判断はできない。公表情報から、確率的なリスクを推定し、情報として提供するだけだ。視聴者からは「避難するべきですか」といった相談が殺到していたが、医学者は「自己判断してください。いまの生活を捨てるリスクと、健康被害が出るかもしれないリスクのどちらをとるかは、ご自身でしか決められない」と述べていた。

　すでに東京の街では、店頭に飲料水がない。みなが買い占めているのだ。口には出さないが、みな恐怖を感じている。

3月18日（金）

　事故が収束しない福島第一原発を冷やすため、自衛隊のヘリコプターが上空から散水した。テレビでこの場面は報道されたが、散水は霧状になってしまい、ほとんど効果がなさそうに見える。

　夜には東京消防庁のレスキュー隊が急行し、放水を行なった。3号機周辺は毎時400ミリシーベルトが検出されている。これは8時間浴びれば致死率5割、2時間でも致死率1割とされる線量だ。隊長には妻から「日本の救世主になってください」とメール連絡があったそうだ。状況は危機的である。

　妻と相談して、出版社の仕事のある妻は東京に残り、私が5歳の娘を連れて西日本に一時避難することにした。危険性が高い放射性物質は、半減期8日のヨウ素131と、半減期30年のセシウム34である。事故の展開をみながら、とりあえずヨウ素131の半減期の2倍にあたる2週間ほど、東京を離れることにした。

　とはいえ、幼い子供を連れてホテルを転々とするのは無理がある。いち早く避難した知人には、子供がホテル暮らしに耐えられず、家族を恋しがって泣き出してしまったため、数日で戻ってきてしまった者もいる。私は京都にいる友人に頼ることにした。

3月19日（土）

　友人夫妻と都心で会う。場所は欧米人駐在者が多いことで知られる地区だったが、外国人はほとんどいなくなっていた。スーパーマーケットには、食料品や飲料水はほとんどなくなっていた。

　最近出た週刊誌のことが話題になる。「放射能がくる」という特集タイトルと、防護マスクをつけた人物を表紙にした週刊誌だ。この雑誌にはインターネット上で「煽るな」と非難が集中した。しかし、「煽る」とは何を煽るのだろう。パニックだろうか？　福島への差別だろうか？　表紙は多少センセーショナルだったが、普段な

らみな気にもとめまい。多くの人は、不安を感じながら動けない状態を、脅かされたくないのだろう。

　レストランで食事をすると、隣にいた男性二人組の話が聞こえる。「ブラジルあたりには、自然界からの放射線が強くても、人間が平気で暮らしているところがあるっていうじゃないか。みんな騒ぎすぎだよ」。その知識の正確さの程度は、この際問わない。しかしそんな情報まで仕入れて語り合っているということは、潜在的な恐怖の裏返しだろう。

3月21日（月）

　京都へ行く。友人は芸術系大学の教授で、国際的に知られた現代美術家である。築100年の広い借家に住んでいるので、私たち親子のため部屋を一つ開けてくれた。

　彼女にも3歳の息子がいて、放射能にも知識があり、5歳の娘を避難させる必要性に理解がある。「いつまでいてくれてもいいですよ」と言われた。こんなことは、日本の住宅事情では、ふつうは期待できないだろう。

　避難一つとっても、情報や知識、社会的地位、友人関係などの違いが反映する。原発事故は、社会に亀裂をもたらすのだ。

　関東北部にも、福島第一原発から放出された放射能で、ホットスポットができた。放射能の拡散は、天候に左右される。この日、東京に雨が降った。

3月23日（水）

　東京の浄水場から、放射能が検出された。1リットル210ベクレルである。

　IAEA（国際原子力機関）の国際基準では1リットル当たり10ベクレルが許容値だ。いま日本政府は、IAEAの事故直後の基準を採用し、

成人は1リットル300ベクレル、幼児は100ベクレルを許容値としている。しかしそれを超えた値が出たことで、東京では幼児のいる家庭に飲料水を非常配布し始めた。しかし、ペットボトル入りの飲料水は店頭でも売り切れで、生産が追いつかない。

　娘は、昨日は緊張もあっておとなしくしていたが、母親を恋しがって泣き出した。美術家のアシスタントの女性は、「いまは危険なんや、戻れないんや」と京都弁でさとす。しばらくすると、子供同士で遊びだし、なんとか収まった。やはり、ホテルを転々とする避難など無理だとわかる。

3月24日（木）

　京都に避難している福島の女性の噂を聞く。鉄道やハイウェイは寸断され、救援物資も届かない状態。運送トラックの便乗を乗り継ぎ、京都の親戚のもとにたどりついたそうだ。しかし、「福島から来たことは話すな」と言われているという。

　西日本は、東京の恐怖や緊張感とは無縁の日常だ。タクシー運転手は「東日本の人は大変ですね」と言っていた。しかし、スーパーマーケットでは、東日本の野菜が売れ残っている。

　夜はテレビのニュースで原発事故の政府発表を聞き、さらにインターネット放送で専門家の意見を視聴する。美術家の話では、美術展のキュレーターはみな海外に逃げてしまい、日本で開かれる予定だった国際展もみな中止になった。

　原発事故は、まだ収束する様子がない。これからどうなるのか？　もし東京圏が避難区域に指定されたら、日本の経済も政治も激変する。そうなったら西日本で仕事を探すか？　移民でもするのか？

3月25日（金）

　昼は娘を連れて動物園に行き、付属の小さな遊園地で遊ばせた。

子供を遊ばせながら、将来を案じる。そのあと寺院に行き、原発事故の収束を願った。

　夜には東京の妻に電話。東京で原発反対のデモがあり、1200人ほどが集まっていたと聞く。参加した妻が言う。「主催者は、それまで30人だったのが増えたと言って喜んでいたけれど、これだけの事故が起きて、たったそれだけなんて。集まっていたのも、高齢者が多かったし」。30人が1200人になったのは大きな飛躍だが、まだそのていどである。

4月3日（日）

　東京へ帰ることにする。当初の予定どおり、2週間の避難で様子を見るためと、子どもと妻が別離生活で持たなくなったためだ。娘はとりあえず、母親に会えると喜ぶ。

　事故はまだ収束のめどが立たないが、待っていても、いつまでかかるかわからない。事態が変わったら、いつでも来てくれと美術家は言ってくれた。

　東京に戻ると、街が暗いのに驚く。電力供給が不安定で、政府が節電をよびかけているためだ。駅や店の電燈が半分しか点灯しておらず、ネオンサインも消えている。近所の店に飲料水があると聞いて、翌朝早くに買い出しに行くことにする。昼を過ぎると、もう店頭にはない。

4月9日（土）

　家族で近所の公園に桜の花見に行く。ふだんなら花見客であふれている公園に、誰もいない。レストランも閑散としている。

　東北の被災地の村にいる、5年ほど前に教えた学生からメールが届く。彼女の自宅は高台にあって、津波に飲まれずにすんだが、近隣の避難所になっている。毎日、火葬場に自動車で死体を運んでい

るそうだ。

　明日は高円寺で反原発デモがあるという。

4月10日（日）

　高円寺での「原発やめろデモ」に行く。主催の「素人の乱」の人々とは、以前に不安定雇用についてのシンポジウムで同席して知っていた。

　駅から歩くと、予想外に多くの人が集合場所の公園に向かっている。小さな公園はやがて満杯になった。20〜30代を中心とした、自由な服装と髪形の人間が多い。知人のミュージシャンや劇団員、ライター、非常勤講師などに会う。

　ドラム缶の壇上に上がった主催者その他から、メガホンでアピールが行なわれる。が、むずかしい理屈は説かれない。「恐ろしい」「政府は何をやっている」「自分は原発には賛成だけど今の事態はひどい」「われわれ貧乏人はしょっちゅう電気が止まっているから原発なんかなくても困らない」といった挨拶が続く。

　やがてデモ開始。バンドやDJを荷台に乗せたトラックを先頭に、ドラムを叩く集団が続いた。色とりどりのプラカードを持った大量の人が「原発やめろ」と連呼しながら歩く。従来のデモとは、まったく雰囲気が違う。

　知人が主催者の依頼で参加者の隊列を数えていたが、最終的に1万5000人に達したという。組織動員はまったくなく、ツイッターなどで人が集まった。主催者は500人と届け出ていたそうだ。数もさることながら、活力がすごい。暗く沈滞した東京の空気を打ち破る動きに感銘を受ける。東京にいよう、と思った。

4月24日（日）

　渋谷で「エネルギーシフトパレード」があるというので出かける。

主催者は環境問題に関心のある人々だ。この日は国際イベント「アースデイ東京」の日であり、そのイベントが開かれる公園がパレードの出発場所である。

「パレード」という名称は、「デモ」を避けたものだ。日本では、社会運動やデモに対する忌避感が強い風潮があるからだ。2003年のイラク戦争反対運動のころから、「パレード」という名称がよく使われるようになったように思う。

公園の野外ステージにPAが整えられ、再生可能エネルギーについての講演や、著名人のアピールが続く。渋谷の公園に集まった人々は、中産層らしい子連れの男女がめだつ。従来の市民団体のデモとも違うが、高円寺のデモとも雰囲気は違う。さまざまな関心やさまざまな社会層が、違った形態で動き出しているのだろう。

4月26日（火）

津波の被災地である石巻へ行く。旧知のNGOが支援をしているので、その見学である。

見事なくらいに、低地は津波に一掃されて、何も残っていない。NGOが救援拠点を設けているのは高台にある大学の敷地で、そこにある倉庫に支援物資が山積みになっている。

石巻の街は、この地域の典型的な地形である。沿岸に漁港と海産物の加工工場、そして製紙工場があり、そのそばまで山が迫っている。中腹が行政地区と商店街で、旧市街がある。高台は、大学やショッピングモールのある、新しい住宅街だ。低地の産業地帯が津波で全部なくなり、中腹の行政地区は泥をかぶっている。NGOは避難民に食料や衣類を配る一方、中腹の旧市街の泥をかきだしている。とはいえ、これでは泥をどけても、低地の産業地帯が壊滅してしまった以上、経済的には復興できない。

この地域は、すでに1980年ごろが人口のピークで、今後20年の

うちに人口が急減すると予測されていた。高齢化率も高い。もともと原発が建っていた福島の沿岸地帯は、もっとも貧しく、産業もない地域だった。

6月11日（土）

「素人の乱」らが企画した「原発やめろデモ」第3回に行く。第1回は4月10日に高円寺、第2回は5月7日に渋谷であった。

　今日は主催者からスピーチを頼まれる。前日にメールがきて、話してくれと言われた。こういったデモでは、当日行ってみると、「来たのならスピーチしませんか」と言われることもまれではない。旧来の労働組合や市民団体なら、何か月も前から依頼がくるところだ。新しい動きが出てきている時なのだろう。

　一方、このグループのデモが人数を集めているので、警察の規制が厳しくなってきた。出発のときから、数百人単位の集団でしか道路に出さない。集団は五列縦隊を乱さないよう指示され、道路の片側に押し込められる。デモは合法だから、届け出があれば許可せざるをえないが、あくまで「社会を乱すな」という姿勢なのだ。

　デモが通ると、街を通る人たちには、びっくりして携帯のカメラで写真を撮る人が多い。日本社会では、もう20年以上、デモというものを見たことがないという人が多い。珍しいのと、どう対応したらいいかわからないので、写真を撮るのだ。

　警察に申請した最終地点である、新宿の駅前公園に着く。ここで解散させられるのが通例だ。ところが、到着したデモの隊列は解散せず、人がそのまま集まっていく。駅前の公園が、3万人の群衆で事実上占拠されたかたちとなった。

　これができた理由は、主催者側の工夫だった。社民党と共産党に街宣車を出してもらい、政党の街頭演説会にしてしまったのである。こうなれば、警察も黙認せざるをえない。街宣車の壇上から、いろ

いろな人が、好き勝手なスピーチをする。主催者たちは、エジプトのタハリール広場の様子をテレビで見て、同様のことをやりたいと思ったのだという。

　しかし、こうした事態を大手新聞やテレビはほとんど報道しない。現場に記者が来ていても、旧来の意識に囚われた上司が通さないか、ごく小さな紙面しか割かないのだ。

6月15日（水）

　毎週水曜日に開かれている、高円寺の「原発やめろデモ」の会議に行く。

　彼らはさびれた商店街で、お金を出し合い、リサイクル店・古着屋・レストランなどの店を運営している。狭い通りの100メートルほどの間に、それらの店が集まっている。仲間の店で食事し、仲間の店で古着や中古家具を買うなど、お互いに行き来して生活しているのだ。

　彼らの多くは30代で、日本経済が低迷し就職状況が悪化した90年代に大学を卒業した人々だ。「ジャパン・アズ・ナンバーワン」の時代を知らない世代である。

　会議は彼らの店の一つである10メートル四方ほどのフロアに、50人ほどがぎっしりと集まっている。各自が場所代として、一杯500円のビールや飲料を買い、これが活動費になる。

　会議の開始は8時ということになっているが、仕事をすませてから、三々五々に集まってくる者が多い。仕事は自営業、IT関係、デザイン、非常勤講師など、時間の都合がきくものが多いようだ。バンドやDJをやっている者、在日コリアンの青年などもいる。

　議題はデモのやり方や、警察への対応をめぐる具体的な話ばかり。資本主義とか技術文明といった、抽象的な話はない。政策や政党支持をめぐる議論もない。それを話し始めたらまとまらないからだろ

う。「脱原発」の一点で集まっているのだ。一方で、デモ中に病人が出たらどうするかといった実務的な問題では、多くの知恵が出されていた。

　議長はおらず、各自が活発かつ自由に話す。アイデアが次々に出る。多数決もとらず、批判が多ければ立ち消えになり、賛同者が多ければそれが方針になる。新宿駅前の占拠をはじめ、万単位の人を集めた抗議の運営を、こうして知恵を寄せ合って実現したのだ。

　2時間ほど話して休憩し、さらに1時間ほど話して、残れる者が残って解散。そのあと、駅前の広場に座り込んで、缶ビールを飲みながら議論。バーに入るようなお金は使わない。私は終電で帰宅したが、みんな付近に住んでいるので、そのまま議論を続けていた。

8月6日（土）

　高円寺グループの「原発やめろデモ」で、ふたたびスピーチをする。今回は、東電本社前を通るコースで、娘を連れて参加する。東電前では、黒煙を吹いて飛び上がる風船を、汚染の象徴として飛ばす仕掛けが行なわれた。

　しかし、今回の警察の警備はひどい。やはり数百人の単位でデモを分断し、それを警官でとりかこむ。ちょっと抗議する者がいると、なだれこんで逮捕しにかかった。混乱で人がけがをしそうになっても、取り囲んだ警官の輪から外に出さない。けっこうな横暴ぶりである。

9月11日（日）

　やはりデモがあったが、娘が怖がって行きたがらない。やむなく、解散地の新宿の広場に行く。また2万人ほどが集まっていた。

　今日の警察の規制は8月以上にひどかったと参加者に聞く。12人が逮捕された。

もちろん逮捕しても、罪状がないから起訴などできない。しかし日本の制度では、検察が起訴するか否かを決定するまで、取り調べのために警察の留置場に最大23日間の拘留ができる。だがこの場合は、脅しをかけることが目的としか思えない。

　この日に印象に残ったのは、哲学者が行なったスピーチだった。「デモによって社会を変えることは、確実にできる。なぜなら、デモをすることによって、日本の社会は、人がデモをする社会に変わるからです」。これを聞いて、多くの人が拍手した。

9月19日（月）

　原水禁（原水爆禁止日本国民会議）など、伝統的な平和団体の流れが中心になって呼びかけられた「さよなら原発5万人集会」が開かれる。6万人が集まった。参加者には中高年がやや多いが、「原発やめろデモ」や「エネルギーシフトパレード」に参加したような層も集まっている。しだいに混交化が進んでいるようだ。

　帰りに、新宿で知人の知識人たちと会う。逮捕された12人の救援のため、共同声明を出して記者会見をしようという。会見の場所は、外国人記者クラブとした。日本のメディアの記者クラブは、記者会見の部屋などを持っているが、クラブに所属していないメディアの記者は入れさせないからだ。

　警官の横暴と逮捕の場面は、デモ参加者たちが手持ちのスマートフォンで撮影し、インターネット上にアップロードしている。新聞やテレビに頼れないことを、人々が知っているからだ。

9月29日（木）

　外国人特派員協会で記者会見を開く。逮捕された12人は、ほとんどがすでに釈放された。そのうちの一人の、フランス人のデザイナーに、逮捕された時の様子を話してもらった。

そのフランス人は、放射線防護服を着た仮装で、デモに参加していた。警官が数人で逮捕し、アスファルトの道路に組み敷いたが、防護マスクをとってみたらフランス人だったのだ。
　この10日ほど前には、高円寺で、逮捕への対策をどうするかの会議が行なわれた。不当な逮捕は悔しいが、彼らは20歳前後の青年ではない。学歴や能力があるにもかかわらず、社会の下積みの仕事を強いられてきた、30～40代の大人である。
「正面からぶつかったら勝てるわけがない。かわすんだ」と一人が言った。「現場の警官は敵じゃない。話してみたら、原発に反対の警官もいる」。彼らがホームページに出した抗議声明も、ユーモアを交えた、対決姿勢を避けたものだった。

10月5日（水）

　12人の救援対策で疲れた「素人の乱」は、しばらくデモを休むことにした。彼らのうち数人は、ニューヨークにオキュパイ運動を訪ねに行った。
　しかし並行して、他のグループも、デモを主宰し始めている。26歳の介護労働者らが企画した「ツイッターデモ」は、4月から定期的に1000人ほどを集めていた。この日は、31歳のバンドをやっている内装労働者が企画した、「怒りのドラムデモ」があった。
　参加者は1000人ほどだったが、ほとんど全員がドラムを持ち、それを叩きながら行進する有様は、活気に満ちていた。抗議声明が効いたのか、警察の警備も緩くなった。
　デモコース途中の病院の前では、ドラム隊は音を控える。通りがかりの車が、応援のクラクションを鳴らす。携帯で写真を撮る人も減った。解散地では、ゴミを持ちかえるよう主催者が告げる。デモが街に定着しつつあることを感じる。

10月24日（月）

タイの日本学会の招きで、プーケットとバンコク、そしてタイ東北のイサン地方で講演する。日本の震災と原発事故、そして災害時の社会を分析する内容だ。洪水の真っ最中だったが、かえってそのためか、聴衆は熱心だった。

地元の学者の案内で、タイとラオスの国境地帯にある、原発立地予定地に行く。電力会社の作った巨大な施設と、土地を追われつつ反対する住民。貧しい地帯に原発が建ち、首都の電力供給に使われる。こうした構図は日本ともよく似ている。

ここに立つ予定の原発は日本製だ。反対派の住民から、「日本の電気製品は好きだが、原発はごめんだ」と言われた。原発輸出は、日本製品の信頼を落とし、ひいては日本経済にとってもマイナスとなる。

12月18日（日）

娘が3メートル四方くらいの段ボールに、原発に反対する絵を描いた。せっかくなので、経産省前のテントに持っていく。

原発を推進する経産省は、日本経済の司令塔だ。原発の科学開発を担当する文部科学省とあわせて、抗議活動の対象となっている。5月には、福島在住者らの市民グループが文科省を訪れ、学校に従来の一般人の20倍の放射線量基準値が適応されていることに抗議した。そして9月からは、経産省前を占拠し、テントを張って泊まり込む抗議が始まった。

5歳児が描いた絵は、予想通り好評。（翌年夏に行ってみたら、まだ大切に飾ってあった。）

1月14日（土）

横浜で脱原発世界会議。石巻で救援を行なっていたNGOのピー

スポートが、国内外の団体や活動家を招いて開いたもの。世界各地のNGOの出展が並ぶ。

　印象に残ったのは、脱原発を唱える市町村長を招いた脱原発首長会議。保守系の首長が多いのが目立つ。政府の避難指示や放射能基準値への不満が多く、「住民の安全を守る責任を持つ身として、思想は関係ない」との発言が続く。とくに福島原発を受け入れていた双葉町長の発言が圧巻。

「原発を建て、補助金を受け入れての一時的な豊かさが長続きしないことを痛感した。目の前300メートルで原発が爆発したとき、自分はもう死んだと思った。避難した町民は避難所に押し込められた。政府は、一応の除染をすませたら元の町に帰れという。信用できないし、何もしてくれない。どうか助けてほしい。せめて子供たちだけでも、他の町に受け入れてもらえないか。」

（こののち、4月には全国の約100名の市町村長を集め、「脱原発首長会議」が正式に発足した。）

3月11日（日）

　震災と原発事故の1周年を記念して、国会包囲デモが開かれる。夜間にキャンドルをかざしてのデモに、約3万人が集まった。

　脱原発を求める署名は全国で700万を超えた。東京では、東京電力の大口株主でもある東京都に、原発の是非を問う住民投票を要求する署名が30万集まっている。日本には、国民投票の制度はないが、自治体の住民投票は、自治体有権者の2パーセントを集めた署名があれば議会に実施条例の審議を請求できる。90年代に、住民投票によって原発建設を止めた町があるため、この手法は日本の原発反対運動の定石の一つである。しかし5月には、保守系議員が多数を占める都議会が、請求を否決した。

5月6日（日）

　昨日、日本の全原発が止まった。1年前から、定期点検で止まった原発を動かさなければ1年で全部止まるとは考えていたが、それが実現するとは思っていなかった。

　これが実現した理由は、主として二つ。一つは、原発推進側の不手際と無能ぶりだ。政府の避難方針や安全基準、事故対処の不適切さから、原発への批判が高まった。事故直後に「安全だ」と言い続けていた旧来の原子力専門家は、信用を失っている。原発業界と政府の癒着も、広く報道されて知られるようになった。

　また昨年の夏に東京電力管内の原発が動かせず、東京圏は原発がなくても、節約すれば電力が足りることがわかってしまった。電力の節約は、政府が経済界に指導した結果でもあったが、一般家庭にも定着していた。

　今日は高円寺で「素人の乱」などが祝賀デモを行なった。和服とウェディングドレスの男女を乗せたオープンカーを先頭に、街を歩く。

5月9日（水）

　知人の紹介で、菅直人前首相と会う。戦後史のレクチャーのためである。彼は原発事故への対応が左派系メディアからも批判され、昨年9月には退任した。が、在任中には、東京にいちばん近い浜岡原発を首相要請で停止し、再生可能エネルギーの全量買い取り法（FIT）を制定している。

　レクチャーでは、私の専門の日本近代史のなかから、戦後の経済・政治構造と、原発との関係を90分ほど話した。話の内容は気にいったようだ。（多忙な彼とは、それ以上の話はとくにしなかったが、この後に関係が活きることになる。）

6月29日（金）

　6月16日、西日本の大飯原発の再稼働が決定された。関西の夏の電力不足に対応するためという理由だったが、疑問の声は多い。

　再稼働決定の前から、首相官邸前に、多くの人が集まっていた。昨年からデモを行なっていた小グループが連合して「首都圏反原発連合」が結成され、毎週金曜夜に首相官邸前での抗議を開始したのは3月である。最初は300人だったが、5月には3000人になり、15日には1万人、22日には4万人が集まった。

　官邸前に行くと、6時から8時までの抗議に、多くの人が、思い思いのプラカードや旗を持って集まってくる。非正規雇用の30代、20代の学生、背広の会社員、子連れの主婦、引退した老人、障害者、外国人など、さまざまな人がいる。暑い夕暮れのなか、裸（に見えたが実は肌色のボディスーツ）の若い女性4人が、「NO　NUKES」と大書した横断幕で身を隠しながら歩いて行く。

　警察は抗議の人々を歩道に押し込めていたが、午後7時には、ついに人が道路からあふれた。幅数十メートルの道路に囲まれた、普段は人気のない官庁街が、「再稼働反対」と叫ぶ人で埋まった。この日に集まった人数は20万人という。

　あまりの人の多さに、警官は手出しができない。主催者側は、警察と人々のあいだに割って入り、トラブルを起こすまいとする。警察が「公務執行妨害」で逮捕を始めたら、官邸前での抗議活動などできなくなることを知っているからだ。

　主催者たちは、ボランティアのスタッフも含め、総計で100人もいない。興奮する参加者にむかって、「大丈夫、おまわりさんも脱原発だから」と呼びかけている。参加者の中にも、警官の絵を描いて「本官も再稼働に反対です」という言葉を記したプラカードを持った人がいる。30年以上も沈滞していた日本の運動を守ろうという意識が、主催者だけでなく参加者もあるからだろう。

新聞やテレビが、この様子を報道しないことを人々は知っている。みんなスマートフォンや携帯カメラで撮影し、あとでそれをユーチューブに投稿する。有志のカンパでチャーターされたヘリコプターが上空を舞い、フリージャーナリストが人であふれた官邸周辺を撮影している。

　午後8時、講義の終了を主催者が告げる。一部の参加者は不満げだったが、大部分の人々はあっさり帰り始める。あとには、ゴミ一つさえ残っていなかった。

7月6日（金）

　金曜なので、ふたたび首相官邸前に行く。ひさしぶりに会う知人が多い。昔に勤めていた会社の同僚、教えている大学の卒業生、かつてのバンド仲間、私の本を担当した出版社員、数年前に芝居のレビューを書いた劇団の主宰者、インタビューを受けたことのあるスイス人の記者。挨拶と握手を交わす。

　スピーチを頼まれて、マイクの前で話す。拡声器で官邸まで届くはずだ。一人2分で、次々と話し手が出てくる。福島から来たという若い女性が叫ぶ。「野田首相、放射能に故郷を追われた人々の怒りの声を聞け！　家のローンのために避難もできず、恐怖におびえている人々の声を聞け！　幼い子を連れて母親が避難し、父親が仕事のために福島に残り、バラバラになった家族たちの悲しみの声を聞け！」。高円寺からやってきたドラム隊の太鼓が響き、「再稼働反対」の声がくりかえされる。

　この日は15万の人々が集まり、官邸前と官庁街を取り囲んだ。政治家たちを取材する新聞記者たちが集まっている記者会館のビルも、人々に取り囲まれる。「きちんと報道しろ！」と叫ぶ人々の前を、黒塗りの車で通り過ぎる新聞記者たち。

　この日も、歩道に人があふれた。ほんらいなら、首相官邸前での

デモなど、警察は許可しない。しかし当初は、官庁街の歩道で、わずかな人数で叫んでいるだけだったので、デモの申請もないまま放置されていたのだ。それがしだいに人数がふくれあがり、黙認せざるをえなくなったのである。参加者には外国人も数多く交じっており、先週の事態を聞きつけた各国のテレビやジャーナリストが撮影している。もはや弾圧はできない。そしてこの日も、午後8時になると主催者は終了を告げ、人々は意外にあっさりと帰った。

7月13日（金）

　私がデモに参加している学者だと知って、メディアがインタビューに来るようになった。フランスと韓国のテレビに続いて、新聞の企画で官邸前を記者と一緒に歩くという話がやってきた。担当する記者は、組織内の制約のなかでよい記事を書こうと努力している人だ。

　一緒に官邸前抗議の人波を歩く。官庁の階段下にいる人たちに、「ここに朝日新聞の記者がいます。何か言いたいことがありますか」と呼びかけると、「もっとしっかり報道してください」「もう購読やめるぞ」と声があがる。

　インタビューでは、以下のようなことを述べた。日本経済の全盛期からすでに20年がすぎ、雇用や家族の不安定化のなかで、政治の機能不全に不満が高まっていた。原発事故への対応の不手際と、再稼働の決定経緯によって、不満が閾値を超えた。「再稼働反対」とは、「原発事故前の政治を再稼働させない」という意味でもあると。

7月23日（月）

　夕刻、高円寺の「素人の乱」のバーに行く。著名な学者や市民運動家に「1日マスター」を頼んで、資金を稼ぐ場にしているのだ。今日は哲学者が酒を注いでいた。

官邸前抗議の主催スタッフの一人から、相談を受ける。官邸前に人が集まり、16日には他の主催者によるデモにも17万人が集まった。しかしそうした声を、議会や政府に反映する手段がない。野党の政治家に仲介を頼み、首相に要請文を渡そうとしているが、実現するかわからない。何とかならないか、と言うのである。

　そこで「菅直人前首相なら知っているが、働きかけてみようか。うまくいくかはわからないが」と言った。

7月24日（火）

　朝、菅前首相の事務所にファックスを送る。「これほど民衆が抗議しているのに政治が応答しないのは、日本の民主主義にとってよくない。応答があれば、日本の社会運動の発展に役立つとともに、日本の民主主義のためにもなるだろう」という趣旨である。

　昼過ぎに電話がかかってきた。「まず私を中心とした脱原発派の議員と、反原発連合のみなさんが、対話集会を開きましょう」というのである。

　夕刻、首都圏反原発連合の会議に行って、この話を持ち込む。彼らは政党政治家にとりこまれることを警戒していたが、最終的には受けることとなった。私は、対話集会の司会を頼まれる。

7月31日（火）

　菅前首相を中心とした議員たちと、首都圏反原発連合の代表の対話集会が、議員会館内で開かれた。一昨日には、20万人での国会包囲が実現している。

　首都圏反原発連合の側は、インターネットによる同時中継にこだわった。記者クラブに所属しているマスコミでは、事実をどんなふうに報道をされるかわからないので、不十分だという。運動をずっと報道していたインターネット・ジャーナリストたちが、許可を得

て対話集会を中継放送した。

　反原発連合の代表は、入れ墨をした女性イラストレーター、ネクタイをしめた会社経営者、野球帽をかぶった介護職員など。仕事を休んで火曜の午後の対話集会に来たのだ。労働組合の委員長などではない彼らは、組織動員力があるわけでもない。政治家と密会を開いていると抗議参加者にみなされれば終わりであり、それを避けるためには透明性を確保するしかない。同時中継にこだわったのはそのためでもある。

　対話集会は2時間ほど行なわれた。政権党の一員でもある議員側と、原発の即時停止を求める運動側は、平行線をたどりがちだった。しかし運動側が首相との会談を求めると、菅前首相は前向きな答えをした。

8月3日（金）

　菅前首相から電話がある。「首相が官邸内で面談してもいいと言っている」とのことである。

　大飯原発の再稼働に隠れて目立たないが、民主党は長期エネルギー政策の作成作業中である。現在、脱原発派の民主党議員は、この決定をめぐって議員会館内で駆け引きの最中だ。このタイミングで抗議側代表と首相が会うことは、間接的な効果があるだろう。

　またこの政策決定の前提として、全国各地で討論型世論調査と、インターネットでのパブリック・コメントの記入が行なわれている。これらへの参加も、運動側は呼びかけている。

　近代日本史上、労組や政党の委員長でもない市民運動の代表者が、首相と面談した例はない。官邸前に毎週数万人が押し寄せているという事態も、やはり例がない。実現までいけば、それなりに意義がある。

　首都圏反原発連合の側は、あくまでインターネットでの同時中継

にこだわった。官邸側は、マスコミの取材はともかく、ネットでの中継はむずかしいという。一時はこの交渉が難航したが、最終的には官邸の公開ホームページで同時中継することで妥結した。

8月22日（水）

　首相との面談。官邸前に首都圏反原発連合の代表10人と同行する。首都圏反原発連合は13の小グループの集まりだが、前回の対話集会の出席者とくらべて、半分くらいは入れ替わっている。「当日に仕事の都合がつく人」が優先されたようだ。

　ようやく事態を報道し始めていたマスコミは、この会談は報じる体制をとった。報道陣がカメラを構えるなかを、11人で官邸に入る。厳重なボディチェックと荷物検査を経て、テレビカメラがいっぱいの会議室へ。官房長官の司会で面談を始めるが、時間は30分。菅前首相も同席していた。

　首都圏反原発連合の側は、用意してきた要請を読み上げた。大飯原発の即時停止、今後の再稼働をしないこと、脱原発の方針決定などである。首相は硬い表情で聞き、通り一遍のことを話す。私は仲介役ということで黙っていた。

　あとは代表側が、それぞれの立場から話した。元ロックミュージシャンの男性が「野田さん、官邸前に出てきて、参加者と話してください。あなたは男でしょう」と言いよる。ドラム隊の男性は「私たちは絶対に、絶対に、絶対に、あきらめません」と言いながら涙ぐんだ。

　NHKは、夜のニュースで「絶対に、絶対に、絶対に、あきらめません」の場面を放送した。後日に彼は、「故郷の親が見たと電話してきて、『よく言った』と言われたよ」と話した。

9月14日（金）

　民主党が、エネルギー政策の決定を発表する。「2030年代までに原発稼働ゼロを可能とするように、あらゆる政策資源を投入する」というのが骨子だ。

　ここに至るには、いろいろ経緯があった。いろいろ留保はあるが、政権党の立場で「ゼロ」が明記されたのは画期的である。震災前の政策方針が、大規模な原発推進だったのにくらべれば、大きな転換だ。

　首都圏反原発連合の側は、これでは不十分だとして、抗議を続けるという。私としては、抗議は続けるにしても、とりあえずの成果を誇って祝賀会でもやればいいと思ったが、そういう感じではないようだ。メキシコあたりだったら、みんなで祝って踊るところだが、日本の運動はまじめである。

9月16日（日）

　官邸前へ行く。万単位の人が集まっている。

　ドラム隊に同行して各省庁を回る。彼らは西東京の河原でいつも練習し、リズムも工夫している。

　午後6時に文科省前に集まり、省庁を回って、門前でドラムを叩く。30人ほどのドラム隊に、数百人がついていく。玄関から官僚たちが出てくると、「再稼働反対」と叫ぶ。官僚たちは平静を装っているが、それなりに動揺しているのがわかる。

　一通りの官庁をめぐると、最後は国会の正門の一角で、ドラムを叩きながら踊る。経産省の前をテントを張って占拠しているスペースでは、抗議参加者にお茶を配っている。

　官邸前抗議は、原発事故後に台頭した運動の、一つの形態だ。官邸前に人が集まらなくなっても、また別のかたちで出てくるだろう。原発はもはや斜陽産業であり、時期の長短はあれ消えていく。

その意味で、短期的な盛衰はどうあれ、これはもはや「勝利した運動」である。そして何より、この1年半で、日本は「人がデモをする社会」に変わったのだ。

波が寄せれば岩は沈む
福島原発事故後における社会運動の社会学的分析

序

　2011年3月の震災と原発事故のあと、日本で多くの自発的な行動が起こった。それらは、被災地への支援活動、放射線量計測、行政交渉、デモンストレーションなど、多岐にわたる[*1]。

　そうした全体の高揚のなかで、2011年から2012年夏には、10万人単位の人々が参加した集会が、何度か開かれた。こうした大規模な集会は、日本では1960年の日米安保反対運動いらい、半世紀ぶりのことである。そのほか、既存の政党などと関係のない有志の小グループによる集会やデモが、各地で行なわれた（その全容は、小熊英二編著『原発を止める人々』文藝春秋社、2013年、の巻末リストを参照）。

　とくに2012年3月に始まった首相官邸前の抗議は、同年夏には最大で20万人が集まったといわれる[*2]。この抗議活動は、開始から3年半が経過した2015年9月現在も毎週金曜に続けられており、1000人前後が参加している。

　しかしこうした脱原発運動の高揚があったにもかかわらず、2012年12月の総選挙で、保守政党の自民党が勝利した。その後の選挙でも、自民党が勝っている。

　本稿は、2012年におきた脱原発運動と選挙結果を分析する。リサーチクエスチョンは、以下の三つである。すなわち、①原発事故後の官邸前抗議は、どのような人々に担われた運動であったのか、②運動の高揚が選挙結果に影響を与えていないのは

なぜなのか、③日本における原発と社会運動の将来はどうなるのか。

　これらのクエスチョンは、日本という特定の地域、脱原発という特定のイシューに、限定されるものではない。2011年以降、世界各地で大規模な大衆運動がおきた。代表的な地名を挙げれば、カイロ、ニューヨーク、マドリッド、台北、香港などがある。東京で大規模な脱原発集会が行なわれていた2011年4月から2012年9月は、カイロと香港の中間にあたる時期であり、ニューヨークやマドリッドとほぼ同時期であった。大規模な運動がおきながら、選挙結果にそれが十分に反映しないという点で、これらの現象は共通点を持っている。

　言葉を替えていえば、本稿の主題は、以下のようになる。①福島事故後の日本の脱原発運動という対象の分析を通じて、2010年代に世界各地で台頭した新しい社会運動の性格を把握すること。②そうした運動が、なぜ選挙結果に直結しないのか、日本の事例から分析すること。これが本稿の主題である。

　こうした主題であるため、本稿でとりあげるのは、日本の脱原発運動のなかでも、限定された対象である。また選挙と社会運動の関係は分析するが、日本の原発政策は対象としていない。逆に、脱原発をトピックとしていない新しい社会運動、たとえば2015年夏に注目を集めた安保法制反対運動の学生グループSEALDsのようなグループについては、言及を行なっている。

　福島原発事故後の日本の脱原発運動について、英語で公表された研究論文は、運動における文化に焦点を当てたものがある[*3]。しかし本稿のテーマは、それとは異なる。私は2011年3月から、東京の脱原発運動に参加し、参与観察を行なってきた。

日本の脱原発運動を、上記のようなクエスチョンから分析した論文は、日本語でも数少ない*4。

本稿は、以下のような構成をとる。第1章で、第二次大戦後から福島原発事故後までの、日本の脱原発運動の歴史を概説する。第2章で、福島原発事故後の東京の脱原発運動の担い手たちを、実証的調査をもとに分析する。第3章で、福島原発事故後の東京の脱原発運動における、運動組織の性格と、インターネットの役割を分析する。第4章で、大規模な運動が、なぜ選挙結果に反映しなかったのかを分析する。第5章では、日本の原発政策と社会運動の将来を予測する。

なお本稿は、2013年に日本語で公表した調査と分析をもとに、それを発展させたものである*5。運動の映像と担い手のインタビューは、私が監督した映画『首相官邸の前で』で見ることができる。

1、広島から福島まで：日本の脱原発運動小史

本稿は福島事故後の脱原発運動を対象とするが、背景の説明のため、日本の脱原発運動の歴史を概説する。

1−1　1980年代まで

日本は広島・長崎が核爆弾で被害を受け、1950年代以降は強い反核兵器運動が台頭した。にもかかわらず、原発は核兵器とは区別され、1960年代までは強い反対運動はなかった。

これには、さまざまな要因がある。その一つは、核兵器の犠

性になったからこそ、「核の平和利用」が求められたことである。この点は、Ran Zwigenbergなどが指摘している*6。

しかし、ほかの要因が二つある。一つは、原発の危険性が、60年代後半まで認識されていなかったこと。もう一つは、日本共産党が、原発肯定の方針をとっていたことである。

第一の要因から記述する。日本で実験用原子炉が稼働したのは1957年だったが、1961年には原子力損害賠償法が制定された。そのさい、アメリカの原子力損害賠償法と過酷事故シミュレーションが参考にされた。そして1964年には原子炉立地審査指針が定められ、人口過疎地帯にしか原発は作れないこととなった*7。

つまり日本政府は、過酷事故が起きた場合の被害を、あるていど理解していた。しかし一般には、原発の危険性は広く知られることがなかった。そして1966年には、初の商業用原発が稼働した。

しかしそれでも、1969年の総理府調査では、原発が近隣に建設されるのに「賛成」が18％、「反対」が41％となった*8。日本でも世界でも、まだ深刻な原発事故は起きていなかった。しかし当時の日本では、急速な経済発展のために、各地で水質汚染や大気汚染が問題になり、公害反対運動が起きていた。そうした文脈で、原発への反対も高まったのである。この後の1974年、政府は原発建設推進のため、立地自治体に補助金を出す制度を導入せざるをえなかった*9。

次に、第二の要因を記述する。1970年代までの日本の社会運動は、日本共産党の影響が強かった。そして日本共産党は、原発肯定の立場をとっていた。理由の一つは、当時の一般的なマ

ルクス主義理解では、生産力の発展と社会主義への道は並行すると考えられていたことが上げられる[*10]。こうした解釈を単純に表した言葉が、「社会主義とは国家の電化である」というレーニンの言葉である。

また日本共産党は、社会主義陣営の核兵器は肯定し、資本主義陣営の核兵器を否定していた。この日本共産党の方針は、1964年に原水爆禁止運動を、共産党系と非共産党系に分裂させてしまった。そうした日本共産党にとって、原発を「核の平和利用」として肯定することは、矛盾ではなかった。

一方で日本社会党は、1969年には、原発に反対する方針を決定した。前述のようにこの時期には、公害問題が注目され、原発の危険性が認識されるようになっていた[*11]。

また1960年代後半には、共産党の影響を受けていない市民運動や学生運動が台頭した。これらの運動は、当初はマルクス主義とは関係なく、高度経済成長下で起きた問題から自発的に発生したものだった。この時期の学生運動は、進学率上昇によって生じた学生の地位の低下、そして講義の質の低下への不満から発生した。また人口が急激に増えた都市部では、環境の悪化に不満が高まっていた。これらの自発的な運動と、共産党と対抗関係にあった新左翼運動が、ベトナム戦争と日米安保条約への反対を共通点として結びついたのが、日本における「1968年」であった[*12]。

つまり1960年代後半は、環境問題への意識が高まり、共産党の影響をうけない社会運動が台頭した時期だった。この二つが、原発反対運動の背景となったのである。この時期以降の日本の脱原発運動は、主として三つの社会層に担われていた[*13]。

第一は、原発の建設予定地の住民である。とくに農業者や漁業者は、1970年代から80年代まで、原発反対運動の強力な担い手だった。

　第二は、都市部の学生、労働組合、知識人である。1980年代までの脱原発運動の主要なあり方は、彼らが原発建設予定地の住民を支援するという形態だった。また労働組合や知識人は、社会党などの政党と、運動を結びつける役割を果たした。

　第三は、都市中産層である。都市部の主婦は、1960年代後半から、都市環境改善に取り組む市民運動の中核だった。この層が原発反対運動に目をむけたのは、1986年のチェルノブイリ原発事故のあと、輸入食品の放射能汚染が報道されてからである。1990年代以降は、この層と知識人が結びつき、再生可能エネルギーの普及や、社会的投資の試みも行なわれた*14。

　とはいえ1970年代から90年代の30年間は、日本の社会運動は、盛んではなかった。理由の一つは、1970年代前半に新左翼運動グループのテロや内紛によって、社会運動の悪い印象が広まったことだった。

　しかしそれ以上に大きな要因は、経済が好調で、日本社会が安定していたことだった。1950年代の日本では、経済的貧困と格差が労働運動をひきおこし、戦争の記憶が平和運動をひきおこした。1960年代では、急激な経済成長によるひずみが、社会運動をひきおこした。しかし1970年代後半以降は、貧困と格差は目立たなくなり、公害対策や都市環境整備も進んだ。

　1970年代以降は、農業者や漁業者は少数派となった。また彼らは、自民党政権が配分した公共事業や補助金によって、自民党支持層になった。労働組合は企業と協調し、戦闘性を失った。

学生は、卒業すれば安定した職が得ることができたため、政治的関心をなくした。一部の中産層主婦は社会運動に参加したが、多数派は1950年代のアメリカや2000年代の中国のように、経済的繁栄を享受していた。

1－2　日本社会の変化と福島原発事故後の社会運動

　冷戦終結後、日本経済は停滞した。それでも1990年代には、不況対策を名目にした公共事業が、経済的安定を供給した。しかしその結果、財政赤字が無視できなくなった。2001年から2006年の小泉純一郎政権は、財政支出の削減、郵政事業の民営化、労働規制の緩和を行なった。しかし公共事業予算のカットは地方経済を低迷させ、労働規制の緩和は非正規雇用を増大させた。

　小泉が首相をやめた2006年以降は、貧困と格差の問題が注目を集めるようになった。都市部の非正規雇用労働者からは、独自の運動も現れ、「プレカリアート」という言葉が運動のなかで使われた。この運動は、前述したような社会運動とは異なった層に担われていた。

　小泉以後の自民党政権は、ジレンマに陥った。公共事業をカットすれば、地方経済が低迷する。公共事業を増大させれば、財政赤字が増え、都市部住民から批判される。労働規制の緩和は、平均賃金と世帯収入を低下させ、少子化と高齢化を招く。女性の社会進出や移民の受け入れを増やそうとすれば、従来からの支持者である保守層が反発する。

　小泉退陣のあと、自民党の首相は１年ごとに交代した。2009年には、自民党は衆議院選挙で、民主党に大敗した。政権に就

いた民主党は、停滞した日本社会を改革することを期待された。

しかし、民主党も、また世論も、改革がどのような方向でなされるべきかについて、合意がなかった。自民党が行なってきた利益配分政治の限界は、誰もが認識していた。しかし行なうべき改革が、新自由主義にもとづくべきか、社会民主主義にもとづくべきかは、合意がなかった。

2011年の福島原発事故は、こうした状況下で起きた。この事故のあと、大規模な原発反対運動がおきた。その担い手たちは、前述してきた層のすべてだった。放射能汚染に直面した農業者や漁業者、食品汚染を警戒した主婦たち、原発に批判的な知識人などが、それぞれに運動を起こした。

しかし、東京の街頭でデモンストレーションを主催したグループは、2000年代になってから現れた新しい層が中心だった。原発事故から1か月たった2011年4月10日、東京都中西部の街である高円寺で、1万5000人の脱原発デモが行われた。これは前述のプレカリアート運動と関係のあった20〜30代の労働者のグループが、インターネットで呼びかけたものだった。

彼らが主催した集会と街頭デモは、従来の運動にくらべ、音楽やデザインの使用など、自由なスタイルを持っていた[*15]。彼らは2011年6月には、東京の繁華街である新宿の駅前広場を、3万人で占拠した。これは2011年2月のエジプトのタハリール広場占拠に触発された行動であり、ニューヨークのOWS運動の3か月前のことだった。

福島原発事故後の東京では、こうした小グループが、さまざまなデモを企画した。2011年9月、そのうち13のグループが連合して、首都圏脱原発連合Metropolitan Coalition Against Nukes

(MCAN)を結成した。そしてこのグループは、2012年3月から首相官邸の前で、毎週金曜の夕刻に抗議活動を開始した。当初は300人程度だったこの抗議は、やがて大きく拡大した。

福島原発事故後、日本の原発は次々と定期点検のために停止した。そして世論の反対が強かったことと、安全規制基準を作り直さなければならなくなったため、再稼働ができなくなったからである。2012年5月には、日本にあるすべての原発が停止したが、電力供給に大きな問題はなかった。

しかし政府は、西日本の福井県にある大飯原発の2基の原子炉を、再稼働することを決定した。これが大きな反発を呼び、6月29日にはMCANの首相官邸前抗議に、20万人が集まったといわれる。8月には、全国87都市に毎週金曜の抗議活動が波及した。8月22日には、MCANの活動家たちが、当時の野田佳彦首相と会談し、大飯原発の停止と脱原発を要求した。

そして2012年9月、民主党政権は、2030年代までに原発をゼロにするという政策目標を決定した。しかし2012年12月の衆議院選挙で、原発事故の対応を批判された民主党は、自民党に敗れた。政権に就いた自民党は、民主党の脱原発方針を撤回した。

以上が、日本の脱原発運動の小史である。以下では、福島原発事故後の運動、ことにMCANに代表される新しい抗議運動について、序文で述べた視点から分析する。

2、脱原発運動の担い手たち

福島原発事故後の脱原発運動の担い手たちは、どのような

人々なのだろうか。これを、中心的担い手と、一般参加者の両面から分析する。「中心的担い手main actors」という呼称をとるのは、彼らは固定的な組織に所属する活動家activistという意識を、必ずしも持っていないからである。この点は第3章で言及するが、まず彼らの属性から分析する。

2－1　中核的な担い手

　アントニオ・ネグリとマイケル・ハートは、OWSなど「2011年」の諸運動の担い手をこう形容している。「活動家の大部分が、学生・知的労働者・都市部のサービス職に従事する労働者」、つまり「認知的プレカリアート」だったと[*16]。ポスト工業化が進んだ社会では、当然に考えられる傾向である。

　日本ではどうだろうか。私は2013年秋に、福島原発事故後の脱原発運動の中心的担い手55人に、一種の調査を行なった[*17]。調査対象の多くは、原発事故後に活動を始めた人である。うち東京圏が38名、東京圏以外の都市が17名である。

　この調査は、活動家の社会的属性、家庭環境、インターネットの利用形態、原発事故後にどのような経緯で現在の活動に至ったかを、自由記述で回答してもらったものである。依頼は直接依頼のかたちをとり、記述項目を提示したが、そのすべてを記入した回答ばかりではなかった[*18]。

　調査結果からわかる55名の特徴は、以下のようになる。属性は重複している場合もある。

① 　アートないし知的な職業に就いている者が多い。音楽・IT・デザイン・建築設計・編集・翻訳など、19名にのぼ

る。
② 病院勤務、薬剤師、介護、医学部出身など、医療関係者が5名。また自分や親族が放射線治療をうけた経験から、放射能のリスクに敏感だったと記している者が2名。育児用品販売の会社を経営しているため、児童の健康を脅かす放射能の問題に関心を持ったと述べている経営者が1名。
③ 外国と関係がある者が多い。留学経験がある、パートナーが外国人である、自身が外国籍であるといった者は、合計10名。ほかに勤務先が外資系企業である、あるいは外資系企業勤務を経験しているという者が、合計3名。
④ 大学の非常勤講師が2名、大学院生が2名。学部学生は1名。
⑤ 時間的制約のある正社員は6名。そのうち大手企業の正社員は3名だが、2名は外資系、1名は薬剤師である。
⑥ 時間が自由な職業が多い。自営業7名、主婦7名、音楽・芸能3名、年金生活者1名など。自営業は、建築設計・翻訳・デザインなど①の属性の者が3名、飲食・電気器具販売・アクセサリー販売・農業が各1名。
⑦ ①の類型を除く非正規雇用は事務員2名、店舗販売員1名。
⑧ 商店会長が1名、PTAの会長ないし役員をしていた者が2名いる。

　性別は男性28名、女性27名。調査当時の年齢は概略だが、20代が6名、30代が17名、40代が24名、50代が2名、60代が6名

*19。MCANのスポークスパーソンは、ミサオ・レッドウルフと名乗るイラストレーターの女性である。

　以上から、日本における「2011年」の運動を、他国のそれと比較してみよう。

　まず①は、日本においても、活動家に「認知的プレカリアート」が多いことを示している。このことは日本の脱原発運動もまた、同時代の世界の運動と同じく、ポスト工業化社会における運動だったことを示している。

　また1980年代の都市中産層の運動と比較すると、専業主婦の活動家の比率が下がっている。このことも、ポスト工業化の影響と考えられる。

　日本で製造業の就業者数がピークに達したのは1992年だった。この時期は、チェルノブイリ原発事故後の、主婦たちによる脱原発運動のピークとも重なっていた。しかし2013年には、日本の製造業の就業者数は、1992年の3分の2に減少している。

　製造業は、男性労働者に安定雇用を提供する主要な産業である。日本においても、1990年代以降は、雇用の不安定化が著しい。そして男性の雇用が不安定化するのと並行して、都市中産層の専業主婦も減少していった。主婦活動家の相対的減少と、「認知的プレカリアート」が活動家に多いことは、双方ともポスト工業化の表れと考えられる。

　しかし日本社会は、アメリカや西欧諸国の社会とは異なっている。また脱原発をイシューとした運動は、金融経済批判などをイシューとした運動とは、異なっている。ポスト工業化社会の運動という共通の背景があっても、調査結果の②から⑧は、そうした相違を示している。

まず②は、日本の「2011年」が、脱原発をテーマとした運動であったことに起因する相違である。医療関係者は、当然ながら放射能の影響に知識がある。そのことは、政府の公式発表や政策に疑問を持つ契機となる。

　③は、国内の情報が限定されている国の運動の特性である。独裁政権下の途上国のような、国営放送などから得られる情報が限られている社会では、外国との関係は独自の情報ルートとなる。そしてそれは、政府への批判意識を生み出す。

　日本は独裁政権下にあるわけではないが、原発事故直後のマスメディアの報道は、きわめて限定的であった。ある回答者は、友人のパートナーがフランス人だったため、フランス大使館が原発事故後に緊急退避の勧告を出していたことを知り、これが日本政府への疑念を抱く契機になったと記している。なおこの被調査者は、③の13名には含まれていない。また被調査者には、原発事故後に、外国語放送やインターネットなどで外国の情報源に接していたと述べている者が多い。

　また外国との関係――必ずしも先進国とは限らない――は、当該社会の支配的価値観を、相対化する契機になる。回答者の一人は、エクアドルでの留学経験から、政府を過度に信用しない姿勢につながったと回答している。また別の回答者は、外資系企業での勤務から、自分の主張を抑制しがちな日本社会の文化を相対化したと回答している。

　④は、他国の「2011年」の運動とは、異なった特徴と言える。日本では、「認知的プレカリアート」が活動家に多かったが、2012年の時点では学生の中心的担い手は目立たなかった。それを反映して、年齢上の分布は30〜40代が多い。

私が運動で接触した学生には、経済状態が悪化しているため、学生はパートタイム労働で働くのに忙しく、運動に参加できないと述べた者がいる。しかし経済状態の悪化は、ほかの先進諸国の学生も同様であり、むしろ学生が運動に参加する要因とされているものである。

　学生の少なさは、⑤、⑥、⑦の属性とあわせて考察する必要がある。⑤、⑥、⑦の属性からわかるのは、外資系と技術職を除く大企業正社員——典型的な「日本のビジネスマン」——がいないことである。かなり広範な層からの参加があるにもかかわらず、なぜ学生と大企業正社員がいないのか。

　大企業正社員は所得が高いため、古典的な労働運動などに参加する動機はない。しかしMCANの中心的活動家には、経営者や外資系企業管理職もいる。ウルリッヒ・ベックが指摘したように、貧困は階級的だが、放射能の影響は階級を超える。所得の高さは、大企業正社員が参加していない、決定的な要因とは言えない。

　所得以外には、日本の正社員に時間的な余裕がないことも、参加が少ない理由として考えられる。たしかに⑥のような、時間の自由がある属性の者の参加は多い。しかし大企業以外の正社員、外資系勤務者などは活動家として参加している。また非正規雇用の事務員や販売員も、時間の余裕はあるとはいえない。

　ここからうかがえるのは、政治文化の制約である。「日本型経営」として知られた日本の大企業の企業統治は、1990年代以降は動揺しているが、大きくは変化していない。日本の大企業正社員は、長時間にわたり職場に拘束されているだけでなく、転職の可能性が少ない。これは、政治的志向の表明や、余暇時

間の使い方において、個人の自由度が低いことを意味する。

それにたいし活動家になっている所得上位者は、経営者・専門技術職・外資系勤務などである。専門技術職や外資系勤務者は、転職の潜在的可能性があり、日本の大企業の文化的制約を受ける度合いが低い。そのため彼らは、政治的志向の表明において、自由度が高いことが考えられる。

日本の学生の参加度の低さは、大企業正社員の不参加と合わせて考えるべきである。学生は時間の自由度においては高い。しかし政治的志向の表明においては、自由度が高いとはいえない。

日本の大企業は、毎年4月に、3月に大学を卒業する学生を一括して採用する。採用にあたっては、企業側は綿密に学生をチェックする。明示的に政治活動が禁じられているわけではないが、萎縮して参加しない学生は多い。

日本で学生運動が盛んだった1960年代は、好況期であった。この時期には、多少の政治運動参加があっても、企業側は問題にしなかった。1970年代後半以降、日本の経済成長率が60年代にくらべて鈍化すると、企業側も応募学生を厳選するようになった。1990年代以降の経済の低迷は、こうした傾向を強めている。

日本社会では、「日本型経営」をとる大企業、およびそこに入っていく学生は、社会の中核的部分と考えられている。そこからは、脱原発運動の活動家は出ていなかった。この問題は、所得の問題よりも、政治文化と社会統合の問題として考えるべきだろう。

ただし後述するように、2015年夏の安保法制反対運動におい

ては、学生団体SEALDsの活動が注目された。彼らは学生全体からみれば、数が多いとは言えない。しかし彼らの出現は、1970年代以降に日本で築かれた社会統合が、揺らいでいることを示している。

また⑧が示すように、商店会長やPTA会長といった、地域社会のリーダーからも、活動家が出ている。こうした地域社会組織は、大企業を束ねる経団連と並んで、政権党である自民党の支持基盤だった。このような層からの参加は、こうした地域組織にも、一定の動揺がおきていることを示唆している。

上記を総合すると、2011年から12年の日本で新しく出現した脱原発運動の中心的担い手は、以下の層から輩出していた。

① 「認知的プレカリアート」。ただし学生を除く。
② 医療関係者。
③ 外資系勤務者、外国留学経験者など、外国と関係を持つ人々。
④ 商店会長、PTA会長など、地域リーダーの一部。
⑤ その他、社会の多様な層。ただし大企業正社員を除く。

「認知的プレカリアート」から活動家が出ていることは、この運動が先進諸国の「2011年」の運動と、共通した特徴を持っていることを示す。

医療関係者がいることは、原発事故の特性を示す。また外国と関係のある人々が多いことは、情報が閉鎖的な社会に見られる特徴であり、アジア圏の社会運動の特徴ともいえる。そして日本社会の中核的部分と考えられている大企業正社員と学生は、

担い手を輩出していなかった。

2−2　一般参加者

　活動家とは別に、官邸前抗議の一般参加者は、どのような人々なのだろうか。彼らはどういう経緯で参加したのだろうか。『東京新聞』は、2012年6月23日から2013年6月21日まで、「定点観測・国会前」という記事を連載した[*20]。この記事では、毎週金曜日の抗議参加者のうち、1人をとりあげ、年齢・職業・参加動機などを聞いた。合計53人の抗議参加者が、インタビューをうけている。ランダム抽出の調査ではないが、一般参加者の属性を分析する参照調査となりうるものである。

　年齢では、53名のうち10代2名、20代13名、30代10名、40代9名、50代3名、60代11名、70代4名、80代1名。男女比は男26名、女27名。そのうち、外国籍は2名である。

　私が調査した活動家にくらべると、年齢層と職業の多様性が大きい。男性の職業的属性はさまざまで、これといった傾向はない。会社員・会社役員・エンジニア・ミュージシャン・デザイナー・大学講師・自営業者・建築業者・タクシー運転手・年金生活者などが参加している。

　女性では主婦が6名で最多だが、保育関係者が2名いる。医療関係者と同じく、放射能の問題に敏感であるためと考えられる。ほかの女性は、編集者・ライター・ウェブデザイナー・病院職員など活動家層と重なる職業のほか、教員・事務員・会社員・派遣社員・自営業者・農民などが参加している。

　20代前半以下の参加者には、やはり学生が多い。ただし、留学経験がある者が多い。活動家に外国との関係がある者が多か

ったのと、同じ傾向である。ドイツ留学で日本の脱原発運動の報道を見たという者（26歳大学生・8月31日参加）、デンマーク留学でジャーナリズムを学んでいた者（26歳大学生・9月7日参加）がいる。

参加動機は、さまざまである。41歳女性の結婚相談カウンセラーは、相談者のなかに放射能の後遺症を恐れて結婚や出産に迷う者が多いことが参加動機だと述べている。2013年3月22日に参加した18歳の高校生は、母が保育士で環境問題に関心が深かったため、自分も放射能の問題に関心を抱いたと述べている。また2012年9月14日に参加した22歳大学生は、「本当にそんなにたくさん人がいるのかな、という軽い気持ちで」と答えている。

参加動機としてもっとも多いのは、福島出身者との直接的な接触である。福島大学に行って現地の学生と話した者（22歳大学生・8月3日参加）、「きっかけは（福島県で全村避難となった）飯舘村の人たちから直接に話を聞いたこと」だと述べる者（28歳大学職員・12月14日参加）がいる。

そのほか、福島出身者から話を聞いた、福島の友人が避難してきた、親戚や友人が福島にいる、など福島との直接的関係を動機として語っている者は合計で6名いる。この比率は、調査対象53名のうち1割以上にのぼる。先に分析した活動家層にも、福島に縁戚がいる者が2名いる。

仕事上の関係で、原発に疑問を持ったことが動機だと述べた者もいる。2012年7月16日に参加した65歳自営業の男性は、「原発施設を清掃する道具を作っててさ、使用済みのやつは粉々にして箱詰めにするんだけど捨て場所がないのよ。それで原発は

ダメだと思って」と述べている[*21]。原発産業はすそ野が広いだけに、こうした直接的関係の事例も少なくないのだろう。

3、運動団体と動員形態

　以上のような人々によって担われている運動は、どのように行われているのか。その点を、組織と動員の両面から分析する。

3-1　主催グループの特徴
　官邸前抗議を主催したMCANは、前述のように、2012年9月に13の小グループが連合して結成された。その後に、「その他個人有志」も参加し、少しずつ自己規定を変更しながら現在に至っている[*22]。
　当初の13グループのうち、原発事故前から活動を行なっていたのは2つ、事務所を持っているのは一つだけだった。原発事故後には、首都圏脱原発連合に集まったグループ以外にも、こうした事務所を持たない小グループが数多く活動を始めた。それらは一般に、おおむね以下のような性格を持っていた。
　まず、定常的に活動している「コアメンバー」が数名いる。活動からの収入で生活している者はいない。コアメンバーの周辺に、「当日スタッフ」として働く周辺メンバーが10数名いる。ただしコアメンバーと周辺メンバーの境界線は、あいまいである。
　彼らの多くは、原発事故前は脱原発運動に関係していなかった。震災後になって社会運動に初めて参加した者、事故前にな

んらかの運動に参加していた者、社会運動と文化活動の境界にあたるような活動に参加していた者が、およそ３分の１ずつと思われる。

　これは、前述した55名の活動家が回答した、彼らの経歴からも裏付けられる。ただし、この比率は明確ではない。なぜなら、社会運動と文化活動の境界、参加と不参加の境界は、あいまいだからである。政治的な曲を演奏するバンドのファンで、彼らのライブ情報をツイッターで広めていたといった活動を、「運動経験」の「あり」「なし」のどちらに分類するかはむずかしい。しかしそこから集会の情報を広める活動、さらには当日スタッフの活動へとシフトすることは、まったくそうした経験がない者にくらべ、連続した過程となる。

　コアメンバーと周辺メンバーの属性は、前述したとおりである。郵便物の連絡先は持たず、ホームページやSNSのアドレスだけが公表されているグループが多い。中心的活動家のアドレスや住所が、グループの連絡先となっている場合もある。正式の代表を決めているグループはないが、もっとも中心的な活動家が事実上のスポークスマンとなっている。

　こうしたグループの活動は、以下のようなものである。ホームページを作成し、福島への支援活動や、原発政策の情報を掲載する。そして自分たちのデモや集会の日程を決め、警察に申請し、公園や道路の使用許可を得る。その日程をホームページやSNSを通じて告知し、横断幕やスピーカーを用意して、当日スタッフを周辺的メンバーから募る。そして当日に、集合場所である公園に行く。そのあと、どのくらいの人が集まってくるかは、彼ら自身もわからない。

こうしたグループの多くは、会員名簿もなく、正規のメンバーシップもない。組織というよりは、アフィニティ・グループ（有志集団）というべきだろう。集会などの動員力は一定しない。あるグループの集会に集まる人数が万単位に増えたり、数百人に減ったりする。それはあたかも、あるホームページのアクセスが急増したり、急減したりする様子と似ている。

　また逆に言えば、集会に行く側にとっては、どのグループの集会に行くかは選択の問題である。私が調査した55名のなかの一人である30代の女性は、毎週のように積極的に集会に行っていたが、特定のグループに所属していなかった。彼女は、ある時点において、どのグループが主催する集会が、もっとも活気があるかをよく知っていた。彼女は参加者の多くと知り合いであり、SNSで相互に連絡をとって集会に参加した。ときには、主催グループから頼まれ、臨時のスタッフを務めることもあった。

　このため、コアメンバー、周辺メンバー、定常的参加者の境界線は、きわめて流動的である。第2章において、彼らを「中心的担い手」と呼び、「活動家」という呼称を避けたのは、このためである。彼らは、自分たちのことを「活動家」と自称しないこともしばしばある。日本では、事務所を持つ組織にメンバーシップがある者を、「活動家」と呼ぶ傾向があるためである。

　こうしたグループが集まって結成されたMCANも、基本的な特徴はあまり変わらなかった。スポークスパーソンはいるが、代表はいない。毎週金曜の官邸前抗議を主催しているが、その活動ぶりは上に述べた小グループのやり方と基本的に同じだっ

た。ただ、参加者が多く、活動家の数も多いというだけである。マスメディアの取材を受け、政党や労組と交渉し、大学教授やアーティストに講師依頼をしていたが、グループのあり方も小グループの時代と変わりなかった。

こうした性格のために、MCANの人数も明確ではなかった。2015年8月現在、毎週金曜に開かれる官邸前での抗議の準備に集まるスタッフは、20名前後である。中心的活動家のSNSのフォロワーは、数千から数万にのぼる[*23]。しかし、SNSで抗議集会やデモの情報などを流しても、どのくらいの人数が集まるかは、彼ら自身も正確にはわからない。

MCANは、定常使用する事務所を持っていない。毎週金曜の抗議活動のために使うメガホンや簡易ステージなどを収納する倉庫だけは、ビルの一室を借りている。抗議活動のスピーチに使うPAシステムは、中心メンバーの一人が勤務するライブバーの協力で借りている。

会議は毎週金曜の抗議活動が終わり、PAなどを片付けたあとに喫茶店で行なう。必要な連絡や、今後の方針などは、そこで話し合われる。中核メンバーは、共有のSNSに登録しており、会議に参加する。

こうしたグループのありようは、ほかの先進諸国にみられるグループと、それほど違わないと思われる。インターネットとSNSが、こうした活動を容易にしていることも、おそらく世界共通だろう。

メディアや政党のなかには、そうした性格が理解できないケースがあった。2011年から2012年にかけて、MCANやその前身グループの街頭デモンストレーションは、10万単位の参加者を

集めていたにもかかわらず、あまり報道されなかった。日本のマスメディアは、こうしたグループの活動を取材することに慣れていなかった。私の知人のある新聞記者は、2015年8月に、以下のように私に語った[*24]。

　政党や政治・社会団体、労働団体主導のデモでは主催責任者がはっきりしていて、そのグループのまとまった見解が取材しやすかった面があります。また、動員人数はあらかじめ把握しやすく、取材の準備も容易でした。組織主導でなく、一般市民が一つの旗を掲げ、ツイッターなどインターネットを通じデモ参加を募り、口コミで参加者が広がっていく反原連のスタイルは、旧来の取材手法を保つ記者には戸惑う面があったと思います。あれよあれよ、という間に参加人数がふくれあがって、えっ？　こんなに……と驚く中で、取材の機会を失した面もあるかと思います。

日本のマスメディアは大手の新聞・テレビ会社の寡占状態にあり、政府機関・政党・警察・自治体・経団連など全国に約800ある「記者クラブ」を主な情報源としていた。「記者クラブ」は政府機関などから場所を供与され、そこで公式会見や公式発表が行なわれ、大手メディアの記者しか加入できない。個々人のレポーターが自由参加するプレスクラブとは異なるものであり、公認の取材カルテルであるとの批判も多い。

　日本の大手メディアは、こうして情報を集めていた。そのため、政党や労働組合などに組織されない声は、数が多くても反映されにくかった。新聞記者の言葉は、抗議運動の報道におい

てさえ、政党や労働組合を取材対象にしていた日本のマスメディアの状況をよく示している。

こうした要因以外に、日本の電力会社がマスメディアを経済的に支配していることを、日本の脱原発運動があまり報道されなかった要因だとする意見がある。しかしそれだけが要因ならば、原発事故の深刻さや原発政策の矛盾を報道した新聞社やテレビ局でさえ、事故後に始まった新しい抗議運動の報道に出遅れたことを説明できない。この問題は、21世紀の運動に対して、20世紀のメディアの体制が対応できなかった事態として考えるべきである。

ただし日本において、こうしたグループによる運動は先駆例がある。1960年代後半のベトナム反戦グループだった「ベトナムに平和を！　市民連合（ベ平連）」である。このグループも、最盛期には7万人の参加者を集会に集め、全国に400近いサブグループがあったといわれるが、上記のMCANとほぼ同じ特性を持っていた[*25]。

2011年の日本の新聞記者は、こうした運動を取材した経験が、1970年以降は少なかった。彼らは40年のあいだ、もっぱら政党や労働団体が主催する集会を取材してきた。上記の記者の言葉は、そうした背景から発せられたものと解釈すべきだろう。

ただし、1960年代後半の新しいタイプの運動は、2012年にくらべて動員数が少なかった。この時期の学生運動で最大の集会は、1968年11月に東大安田講堂前で開かれ、参加者は2万人だった。ベ平連が行なった集会も、最大のものは1969年6月の7万人である。

1960年代後半では、労働組合などの組織が行なった集会のほ

うが、ずっと多い人数を動員していた。しかし2012年には、労働組合などの組織は衰え、組織されない人々の方が大きく増えていた。MCANのように、主催グループそのものは小さいのに、大きな動員力を持つという現象は、組織されない人々が増大した社会状態を反映している。

3-2　動員形態とインターネット

　SNSでの情報拡散を研究しているグループが、2012年7月6日の官邸前抗議参加者に行なったアンケート調査がある。それによると、何で情報を得て抗議にやってきたかの内訳は、以下のとおりである[*26]。ツイッター39.6％、人づて17.3％、ウェブ11.6％、フェイスブック6.7％、テレビ6.5％、新聞6.3％、団体告知6.1％、その他6.1％。

　しかしMCANの活動家は、ツイッターでの動員は、2000人が限界であったと述べている[*27]。それ以上に広がったのは、マスメディアの報道、そして保育園や職場などの口コミの影響が大きかったという。

　このような、ある意味で矛盾した意見を理解するには、SNSの特性を踏まえる必要がある。結論からいえば、SNSは個別性と選択性が高く、地理的には広いが、人数的には狭いメディアなのである。

　SNSによるネットワークは、地理的には広がりを持つ。しかしネットワークの参加者は、志向や嗜好、関心領域などが共通する人間に限られる。MCANの活動家は、「ネットでの情報拡散や共有は、原発問題に積極的な関心を抱く層にしか波及しないという弱点があった」と2012年に述べている[*28]。

また前述した『東京新聞』掲載の一般参加者調査では、一人だけで来た回答者よりも、職場や友人、家族で連れだって参加した回答者の方が多い。「知人と一緒に来ました」（35歳大学講師・2012年6月22日参加）、「学生時代の友人二人と来ました」（64歳元保育士・2012年10月26日参加）、「友達を誘ってまた来ます」（25歳大学生・2012年8月31日）、「恋人に誘われた」（31歳会社員・2012年10月12日参加）といった回答が見られる。こうした、直接的関係による勧誘は、参加の大きな動機となっている。

　彼らの回答によると、インターネット上の情報と、直接的な関係は、しばしば複合している。2013年1月11日に官邸前抗議に初参加した31歳の音楽ライターは、こう回答している。知人のミュージシャンがSNSで呼びかけていたのが、この抗議を知った情報源だった。しかし「いままで一人では来にくかった」ので、友人と一緒に来たという。これは、知的職業・SNS・直接的関係、という特徴が複合した事例である。

　また2012年8月31日に参加した25歳の大学生は、以下のように述べている。ドイツ留学で脱原発運動を見たことがあり、この日は「高校時代の友人も参加するとフェイスブックで知って3人で来ました」。そして、次回も「友人を誘って」来るつもりだと述べている。この例は、留学経験・SNS・友人と一緒の参加、が複合した事例である。

　また前述したように、福島に親戚がいる、福島からの避難者から話を聞いた、といった理由を参加動機に挙げている回答が、一般参加者の1割にのぼる。この動機が、SNSおよび直接的関係と複合しているのが、以下の事例である。

　2012年8月24日に参加した22歳会社員は、以下のように回答

している。参加動機は、「福島に住んでいた同期の社員が、福島第一原発の事故で家族と一緒に東京に引っ越した。彼は『地元で友達と集まることはもうできない』と嘆いていた。話を聞いてすごくショックだった」。そのあとに彼は、原発や放射能についてインターネットで調べるようになり、「知ったことは友達や同僚と話すようになった」。そしてインタビューを受けた日は、「会社の同僚9人と一緒」に参加したという。

おそらくSNSによる動員は、それ単独としては、大きなものではない。SNSは、特定の問題に強い関心を持ってはいるが、地域や職場では少数派であり、地理的に拡散している人々のあいだに、ネットワークを形成する。私が行なった調査でも、職場や地域では孤立していたが、SNSで同じ関心を持つ相手とつながった経験を回答している人が多い。

そうして結びつけられた人々が、一人で参加するだけでは、人数は限られる。だがそうした人々が、直接関係で友人や親戚を連れてくれば、人数は多くなる。ある活動家は、「Twitterを使った情報拡散の機動性」もさることながら、「そこに関わる各人が積み上げてきた現実社会のネットワーク」が重要だったと記している[*29]。

つまりSNSは、直接関係と複合した場合に、大きな動員力を発揮する。SNSは、それ自体としても、広域的に特定の関心を持つ人々を結びつけるボンディング（bonding関係強化）効果を持つ。しかしそれだけでは、一定以上の人数にはならない。しかしSNSが、各地の一次集団をブリッジング（bridging橋渡し）した場合は、大きな動員をもたらすのである**（図参照）**。

そして、テレビ報道が多数のSNS集団にたいしてブリッジン

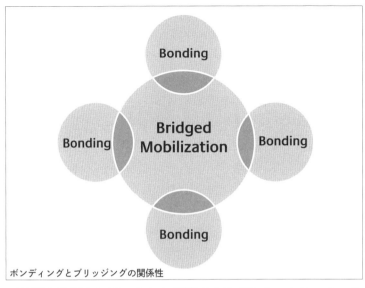

ボンディングとブリッジングの関係性

グ効果を発揮すれば、大きな影響があるだろう。とはいえ、テレビ報道を見るだけでは、人は容易に足を運ばない。最終的に人を行動に駆り立てるのは、直接関係やSNSといった、ボンディングの関係であったりする。

このように考えるならば、SNS・マスメディア・直接関係の関係は、相互に排他的なものではない。前述の調査では、この三者の択一的回答になっている。しかし実際には、複合的事例が多かったと思われる。たとえばそれは、「テレビで情報を知った親戚が、直接に参加を誘ってきて、二人でツイッターで友人を集めて参加した」というものだ。

またSNSによるボンディングのグループは、同質的になりすぎ、その意味でも広がりを欠く。ツイッターのタイムラインのことを、私が知っているある活動家は、「エコーチェンバー」

と呼んだ。もともと同じような関心、同じような意見の持ち主が固まるため、自分の意見がそのままエコーのように増幅して返ってくる形になりがちなのだ。地理的な広がりや、細かい意見の相違があるため、広がりや多様性があるように感じるが、じつはごく狭い世界なのである。

その活動家は、それを相対化するために、ツイッターのアカウントを二つ持っている。活動のアカウントに入ってくる声を相対化するため、別のアカウントでは世間話に興じる。そうすることで、まったく別の関心を持つ人々の雰囲気も、つかんでいるというのである。

日本のこうした事例は、インターネットの動員効果が単純なものではなく、複合的であることを示している。この知見は、日本以外の社会運動研究においても、共有されるべきだろう。

4、政治構造

こうした大規模な運動は、世論の脱原発支持を基盤としていた。2012年5月に原発がすべて止まり、それでも電力供給に問題がないとわかったあと、各種の世論調査では、原発の「即時全廃」の支持が20％前後、「近い将来に全廃」の支持が50％から60％である。また再稼働への反対は50％を超えている。この数字は2015年でも変わっていない[30]。

興味深いことに、再稼働の反対が、「即時全廃」より多い。これは、当面は原発を許容しても、政府と原子力業界の再稼働の決定方法に、不信感を抱く人が多いことを示している。

にもかかわらず、2012年以降の3回の国政選挙では、保守与党の自民党が勝ち続けている。その理由を考察していきたい。
　まず前提として、自民党といえども、原発の推進を掲げてはいない。世論を考えれば、原発の推進を掲げるのは明らかに不利だからである。
　自民党は、選挙公約では「原発依存度を可能な限り低減する」としていた。他の各党は、原発の即時ないし20〜30年以内の全廃を公約としている。日本では、原発の推進を掲げることは、事実上不可能になったといってよい。
　とはいえ自民党は、2012年12月に政権に復帰すると、2012年9月に民主党が決定した、2030年代までに原発を全廃するという方針を撤回した。その後は、世論への配慮と、原子力業界の圧力の板挟みになり、方針を決められない状態が続いた。
　しかし2015年6月には、日本政府は2030年におけるエネルギー・ミックス（電源構成）の目標を発表した。これは、COP21に提出するCO_2削減目標を決めるために、必要な作業だった。こうした国際情勢がなかったら、電源構成計画の策定は、もっと遅れていたかもしれない。
　この計画については後述するが、原発の比率を20〜22％としている。総じて自民党は、世論に一定以上の配慮をしながらも、原発維持をはかろうとしている。
　その自民党が、なぜ選挙に勝ち続けるのか。これについて、以下の三つの視点から分析したい。①自民党の基盤は衰弱している、②ほかの政党の衰弱と低投票率が自民党の勝利をもたらしている、③原発政策が投票行動に影響する度合いが大きくない。

4-1　自民党の衰弱と相対的優位

　まず、自民党の基盤の衰弱を示そう。

　自民党の党員数は、1991年には547万人だった。しかし2013年には、79万人まで減少している。その背景にあるのは、グローバル化、新自由主義改革、そして日本社会の高齢化である。

　一例として、自民党愛知県連を見てみよう。1998年から2007年にかけて、愛知県連の党員数は、13万5957人から4万5307人に減少した。減少が激しいのは、郵政事業関係者で作る「大樹支部」が98％減少、建設・不動産業界で作る「宅建支部」が92％減少、医療関係者で作る「医政支部」が48％減少などである[*31]。

　郵政事業は、2000年代の小泉内閣時代に、民営化された。また1996年に83兆円だった建設投資は、小泉内閣時代の公共事業カットとともに減少し、2010年には42兆円となった。医療は、グローバル化に伴う規制緩和によって、自民党への反感が高まっている部門である。これらはいずれも、グローバル化と新自由主義改革が、自民党の基盤を掘り崩したことを意味する。

　また日本の地方社会では、高齢化が著しい。地方の自民党を支えていたのは、住民組織である「自治会」や「町内会」「商店会」などであった。これらの組織は、いずれも高齢化と過疎化で、担い手が減少したうえ、不活発になっている。またグローバル化と情報化、新自由主義改革は、こうした組織の衰退も進めた。

　自民党の東京都議会議員だった政治評論家は、高齢化のために「あと10年で自民党員の9割が他界する」と2014年に述べている[*32]。「9割」という数字に根拠は示されていないが、地方

党員の高齢化が進んでいることは確実である。

　党の基盤衰退は、得票数の低下にも表れている。自民党の比例区得票数は、2012年衆議院選挙が1662万票、2013年参議院選挙が1846万票、2014年衆議院選挙が1766万票である*33。これらの数字は、自民党が民主党に惨敗した、2009年衆議院選挙の1881万票を下回っている。なお、小泉時代の2005年の衆議院選挙では、自民党は比例区で2589万票を獲得していた。

　にもかかわらず、自民党は選挙に勝っている。これは投票率の低さと、他党の分裂が原因である。仮説を述べれば、各地の選挙において、自民党と公明党は、約30％の票を組織している。投票率が60％以下なら、確実に自民党・公明党の推薦候補は勝つ。対抗候補が複数に分裂していれば、勝つ可能性はほとんどない。1996年以降に導入された小選挙区比例代表並立制も、相対的に少ない組織票で勝利できることを、制度的に助けている。

　自民党が民主党に敗れた2009年の衆議院選挙では、投票率は69％だった。このときは、ほかの野党が民主党に選挙協力した*34。この選挙で比例区での民主党の得票は、2984万票だった。

　このように、投票率があがり、他党の連合が行なわれると、自民党は負けてしまう。しかし2012年衆議院選挙は59％、2013年参議院選挙は53％、2014年衆議院選挙は53％だった。また民主党が2012年に分裂したうえ、新興政党（「みんなの党」「日本維新の会」など）が台頭し、野党が乱立していた。

　2009年衆議院選挙と2012年衆議院選挙の調査によると、民主党から自民党へ投票先を変えた人は多くない。また2009年に民主党に入れた人々は、2012年には有意に棄権が多かった*35。

　自民党は小泉政権期には、新自由主義改革やイメージ戦略に

よって、旧来の支持者ではない層を獲得しようとしていた。しかし2012年の政権復帰後は、旧来の支持層と業界団体を固める、伝統的な選挙戦術に回帰している。

たとえば、2015年4月に行なわれた北海道知事選の報道記事は、以下のように述べている*36。2007年の北海道知事選では、「企業・団体の推薦より無党派層を意識し、ポスターの色までこだわった」。しかし2015年の知事選では、「無党派層の取り込みより、従来型の『組織戦』を展開」「多くの国会議員に企業・団体を地道に回らせた」。「そこには、自民が抱く危機感があった」「小泉純一郎首相が『自民党をぶっ壊す』として『聖域なき構造改革』を掲げて以降、組織は弱体化し、党員数も減少傾向だ。距離を置く業界団体は今も少なくない」。「2回の衆院選で自民は大勝したが、幹部は『民主党への失望という追い風に乗っただけ』と分析」。

つまり自民党と公明党は、新たな支持層の獲得によるよりも、非支持層の棄権と分散によって勝利している。それはあたかも、潮が引いて岩が浮上するようなものだ。岩そのものは、大きくなっているわけではなく、むしろしだいに小さくなっている。

しかしそれでも、自民党と公明党は、相対的には他党より多い組織票を持っている。グローバル化と新自由主義改革は、どの政党の力も弱めた。民主党は労働組合から得ているが、労組の組織率は2015年には17.5％に低下している。そして、公明党は都市部の低所得層有権者に、自民党は地方の有権者に浸透しており、相互に補完的である。

この状況では、投票率が低くなればなるほど、自民党は選挙で勝ちやすい。一例として、2014年2月の東京都知事選挙をみ

よう。このときの投票率は、投票日が大雪だったせいもあり46％だった。自民党と公明党が推薦する候補は、211万の得票で当選した。そのほかは、脱原発を掲げた共産党推薦候補が98万票、やはり脱原発を掲げた民主党支援の無所属候補が96万票、極右の元自衛隊空将が61万票だった。自民党・公明党の推薦候補は、東京都の有権者総数1069万のうち、19％を得票することで勝っている。またこのときも、自民党・公明党推薦候補は、中長期の原発依存脱却を公約としていた。

4－2　日本における投票行動

　以上で、①の自民党の基盤衰退、②の低投票率と他党の分裂について、説明した。次に、③である、原発問題が投票行動に及ぼす影響が大きくないことを説明する。このことを、2012年12月の衆議院選挙における、有権者出口調査から検証しよう[*37]。次ページの**表**を参照されたい。

　この出口調査は、投票を終えた有権者に比例区での投票先を聞き、原発について「今すぐゼロ」「徐々にゼロ」「ゼロにはしない」を選ばせている。それによると、全国で原発を「今すぐゼロ」と答えた者は14％、「徐々にゼロ」は64％、「ゼロにしない」は15％、「その他・無回答」は7％だった。この比率は、前述した世論調査とほぼ同様である。

　そのうち、自民党に投票したのは、「今すぐゼロ」と答えた有権者の16％、「徐々にゼロ」の28％、「ゼロにはしない」の43％だった。また「今すぐゼロ」と回答した者は、共産党・社民党・未来の党を選んだ人が他の回答より有意に多いが、3党合計しても34％にすぎない。すなわち、原発についての意見と、

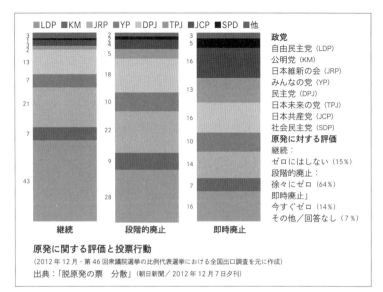

原発に関する評価と投票行動
(2012年12月・第46回衆議院選挙の比例代表選挙における全国出口調査を元に作成)
出典:「脱原発の票 分散」(朝日新聞／2012年12月7日夕刊)

投票先は関連性がみられるが、それほど強いものではないのである。

このことは、三つの要因から説明できる。第一に、前述したように、自民党は原発の推進を掲げてはいない。第二に、有権者の全体的傾向として、原発問題は経済や社会保障にくらべ、投票先を選ぶさいの重視度が高くない。第三に、有権者とくに高齢有権者の多くは、地域社会や親族などのネットワークで地元の候補者に投票を行なっており、その候補者が所属している政党の公約は重視しない傾向がある。

このうち第三の要因が、もっとも重要な要因であると考えられる。すなわち原発に限らず、投票において政党の公約を重視しない傾向である。第一と第二は、その結果であろう。すなわち、自民党があいまいな公約しか掲げていないこと、原発政策

の公約がさほど重視されていないことは、そもそも政党の公約を吟味して投票する政治文化が弱いことに起因していると考えられる。

　自民党の地方議員だった政治評論家は、2014年に、以下のように自民党支持者の投票行動を形容している。[*38]

　　日本の政党政治の現場は旧来のムラ社会、つまり地域社会の延長線上にあります。自民党には都道府県の組織の下に市区町村組織があり、さらにその下に地区単位の組織があります。この地区組織には、自治会や神社の崇敬会などの役員経験者が多い。従って自民党は、地域との結びつきが非常に強く密接な関係を保っているのです。これとは別に、企業団体単位の職域支部もあります。

　　通常、選挙は自分の判断で一票を投じますが、自民党組織はそうではない。地方選挙では特に、地域の党幹部が割り当てを決め、「この地域はこの候補者を推してくれ」とのお達しがあります。結果、票割りがうまくでき、ある程度の人数を当選させることができる。これが純粋な民主主義かというと甚だ疑問ですが、戦後の日本社会に非常に適応した組織づくりを自民党はしてきた、ということはいえるでしょう。

　　そして、意外に思われるかもしれませんが、議員が任期中にどういう議会活動をし、実績を残したか。子育て支援とか福祉政策とか、行財政改革とか教育政策とか。議員の本分ともいえることは、地域社会では一切問われません。言い切りますが、次の選挙での当落にはまったく関係ありません。

　　では、何が大事なのか。地元の行事や冠婚葬祭に出席する

かどうかなのです。都心であれ、地方であれ、「おらが地元の代表」なので、そこが評価の対象となっている。つまり、政治家ではなく「お祭り要員」を求めているのです。政治理念や政策などが投票に影響を与えることはほぼない。

こうした投票行動、そして選挙戦術のあり方は、ジェラルド・カーティスGerald L.Curtisが1967年に大分県の選挙戦を調査した古典的著作で描かれたものと、ほとんど変わりがない*39。この戦術で確保できる支持者は少しずつ減っているが、なお固定票として有力である。そして自民党は、小泉時代にこの戦術から脱却しようとして、政権を失った。そのため政権復帰後は、業界団体の支持を優先し、旧来の戦術に戻っている。

原発反対の世論が多く、また大きな反対運動があったにもかかわらず、自民党が選挙で勝っているのは、以上のような状況においてである。すなわち、①自民党の基盤は衰退しているが、②しかし低投票率と他党の分裂・衰弱に助けられており、③投票行動において政党公約を重視しない傾向が根強い。こうした状況において、自民党は勝ち続けているのである。

4-3　原発のコスト上昇

日本における原発の未来を考えるため、原発維持のコスト上昇について述べる。

まず前提として、原発は先進国では、すでにピークをすぎた産業である。原発のコストは、人権意識の向上と、民主化の程度によって上昇する。安全性に配慮しなくてよいのなら、原発のコストはきわめて安い。しかし人権意識が向上し、情報公開

が進み、民主化が進展すると、原発のコストは上昇する。

　また原発は、初期投資がきわめて大きい。そのため、20年から30年にわたり安定的に稼働しないと、投資が回収できない。安定的な電力需要の成長が見込めることが、原発建設の前提となる。

　それゆえ原発は、人権意識が低く、権威主義体制で、電力需要が伸びている国では建設されやすい。現代の先進国では、その条件がない。

　ただし原発は、初期投資が大きいため、建設された原発を使い続けようとする経路依存も大きい。廃炉の費用が大きいことも、経路依存を強める。

　つまり原発は、先進国においてはピークアウトしているが、経路依存も強い。原発が減っていくのは避けられないが、どこまで残り続けるかは、経済的および政治的コストが経路依存をどこまで上回るかによって決定される。

　そして日本において、原発の経済的および政治的なコストは、増大している。その要因は以下のとおりである。

　まず日本の電力需要は、2001年をピークとして減少している。製造業の空洞化、高齢化と人口減少、節電技術の発展などのためである。

　また2012年以降は、夏の一時期に集中するピーク電力需要値が、事故前に比べて約13％減少した。その要因は、①原発事故によって人々の意識が変化したこと、②電力不足に対応するため政府が産業界に節電を要請したこと、③原発停止のため電気料金が上がりコスト削減意識が広まったこと、である。

　さらに、原発事故に直面した菅直人政権が、再生可能エネ

ギーの電力を固定価格で買い上げることを義務付けるFITを導入した。2011年3月には3.6GWだった太陽光発電の累積導入量は、2014年末には23.4GWになった[*40]。2015年夏の電力需要ピーク時には、約2600万kWの太陽光発電がピーク時に7％、約1000万kWを担ったと推計された[*41]。とくに夏の電力需要のピーク時には、太陽光の電力供給が大きくなっている。

　また新自由主義改革の影響が、日本の原発産業にも及んでいる。日本の電力市場は、全国が10の地区に分けられ、その地区ごとに政府から認可された電力会社が発電と送電を独占してきた。この体制は、軍需用の電力供給を安定させるために1939年に原型が作られ、1951年に現在の形になったものである[*42]。

　しかしアメリカや西欧で電力市場の自由化が進むと、日本でも電力市場自由化の改革がおきた。この改革は、最初は2000年に導入が図られたが、電力会社の抵抗によって実現しなかった。しかし2015年に、電力市場自由化が決定された。福島原発事故後に、電力会社の政治力が弱まったためである。自由化が行なわれれば、初期投資が大きく回収に長期間かかる原発は、建設がむずかしくなる。

　日本の原発は、2010年にはウラン燃料その他約1.7兆円のコストで約4兆円の電気料金を稼いだ。しかし全原発が停止していた2015年3月期には、原発による利益がゼロである一方、原発を保有する9電力会社の原発維持コストは1.4兆円に上った[*43]。電力会社は電力価格の値上げでこれをしのいだが、一般より先行して行われていた産業用などの大口電力需要自由化によって、高い電力価格を嫌って自企業の自家発電や新電力に乗り換える動きが出た。2012年3月から2015年9月までで、東京電力の契

約離脱は4万8250件、880万キロワットにのぼった。同じく中部電力は約1万0200件167万キロワット、関西電力は1万2529件265万キロワットの契約が離脱している[*44]。2013年の夏のピーク時の電力販売量が、東京電力は約5000万キロワット、関西電力が2800万キロワットだったことを考えれば、深刻な数字である。

さらに福島原発事故後の2012年、原子力規制委員会Nuclear Regulation Authorityが設立され、安全性の規制基準が改定された。この審査を通過しないと、電力会社は原子炉を再稼働できない。経済産業省の電力会社への調査によると、追加の安全対策費用は、原子炉一基あたり約1000億円になると見込まれる[*45]。2015年5月の時点で、原子炉を持つ電力会社が必要とする追加の安全対策費は、2兆3700億円と報道されている[*46]。

福島原発事故前、日本には54基の原発があり、そのうち福島第一の6基は廃炉が決定した。2016年3月までには、新規投資の価値がないとみなされた老朽原発6基も、廃炉が決定している。残る42基のうち、2016年8月の時点で、電力会社が原子力規制委員会に対して、再稼働のための安全性審査を申請した原発は26基である。最終的にいくつの原発が審査を通過するか不明だが、ロイターが電力会社からアンケートを集め、専門家および市場関係者に取材した結果、通過の可能性が高いのは14基と予測している[*47]。

また使用済み核燃料の処理が、決まっていない。青森県に建設された再処理施設は、建設費用が当初予定の約3倍の2兆2000億円にのぼっているうえ、2009年から22回も稼働を延期している。再処理工場が動かない場合、使用済み核燃料の行き場

がない。現在、使用済み核燃料は、それぞれの原発のプールに保管されている。再処理工場が円滑に稼働しなかった場合、3年の稼働でプールが満杯になってしまう原発もある[*48]。

また政府は、原発の立地自治体に、巨額の補助金を支給してきた。福島原発事故後は、政府は原発が稼働していなくとも、立地自治体に補助金を配り続けていた。政府はこの補助金の予算として、2016年度は912億円を計上した[*49]。立地自治体の一つである茨城県東海村の村議会議員は、2015年5月に「ずっとこのままが一番いい」と述べていた[*50]。

こうしたなか、2015年6月に、政府は2030年のエネルギー・ミックスを公表した。ここで政府が公表した2030年の電源構成の数字は、原発を現状のゼロから20〜22％にひきあげ、再生可能エネルギーは22〜24％程度（水力の9％を含む）にとどめるというものだった。

しかし原発維持のコスト上昇を考えれば、これは長期的視野に立った計画というより、経路依存から原発の維持を述べたものと解釈した方が適切と思われる。報道によると、ある「内閣官房の関係者」は、「こんな数字はいつだって変えられるということ。原発を推進していくことを見せればいいだけで、ほかには何の意味もないんだから」と述べている[*51]。

こうした経路依存を、どこまで早く脱却できるかは、対抗する力の強さによって決まる。経路依存が長く続くほど、日本の経済と財政への負担は増加する。

5、結論

　以上の分析から、日本における原発問題を例に、現代の社会運動の特性を考える。

5－1　日本における原発政策の将来

　日本では、原発廃止を支持する世論は、定着したといえる。私が検証した運動の広がりは、その一つの表れである。しかしそれは、選挙結果には反映していない。一つは、反対の側が組織化されていないという、普遍的な理由のためである。もう一つは、政党の公約を吟味して候補者に投票するという政治文化が弱いという、日本の事情のためである。

　しかし後者の政治文化について言えば、逆の作用も考えられる。先に引用した2012年12月の衆議院選挙における出口調査から試算すると、自民党に投票した人々のうち、8％は「即時ゼロ」、63％は「徐々にゼロ」である＊52。自民党は、これらの有権者の票を失うことを恐れている。自民党が原発政策について、あいまいな姿勢をとり続けているのは、そのためである。

　自民党に投票する有権者の多くは、公約に合意して投票するわけではない。この政治文化のもとでは、選挙で勝ったとしても、世論に反した政策はとれない。その結果として、日本では、いわゆる「コンセンサス政治」が行なわれてきた。選挙で勝ったとしても、世論に配慮し、野党や各種圧力団体の合意を得な

がら、政策を進めていかざるをえないのである。

現代の日本では、「コンセンサス政治」が衰退しているともいわれる。現在の安倍晋三政権では、選挙で勝てば政権党が政策を決定できる、という言説が目立つ。

この現象は、前述した自民党の基盤の衰退が一因と考えられる。自民党を支えていた業界団体や地域団体が衰弱しているため、コンセンサスを政権に要求する圧力が低下している。

また基盤の衰退のため、個々の議員の集金力が低下し、政党助成金と党中央の公認に依存する議員が増えた。これは相対的に、政権の支配力を強めた。

2012年衆議院選で安倍政権ができたとき、自民党衆議院議員の過半数は当選2回以下、3分の2は4回以下だった。自民党の基盤が衰弱し、連続当選が難しくなったためだ。彼らは基盤が不安定なため、党の公認を取り消されることを恐れ、官邸の意向に逆らえない。同じく基盤が衰弱したため、派閥を作る力がある議員もおらず、派閥抗争もおきない。官邸に異を唱えるのは、地盤が強固な一部議員のみである。つまり党が弱体化するほど、官邸の力が表面的には強くなるという現象が起きている*53。

これらの要因により、コンセンサス型政治からリーダーシップ型政治への変化が見られる。しかし、リーダーシップ型の政治は、世論の支持に依存せざるを得ない。日本でリーダーシップ型の首相の代表例とされてきた小泉純一郎が、自民党の基盤となってきた各種業界団体を敵に回し、改革を進めようとしたとき、頼れたのは世論の支持だけだった。そして世論の動向に敏感な小泉は、福島原発事故後は脱原発を掲げている。

つまり、コンセンサス型政治にしろ、リーダーシップ型政治にせよ、原発問題のように世論の動向が定まっている問題では、それに逆らった政治を継続するのはむずかしい。世論を軽視する傾向がある安倍晋三首相のもとであっても、政府は原発の推進を掲げることができない。2015年のエネルギー・ミックス作成にあたっても、経産省は原発の新設を望んでいたが、官邸が世論の反発を恐れてそれを止めた*54。

　以上から推測される未来は、以下のようになる。原子力産業の特性である経路依存性のために、しばらくのあいだ原発維持の力が働く。一定程度の原発は再稼働するだろうが、中長期的には日本では原発は衰退するだろう。ただしこの過程が円滑に進むかどうかは、原発反対運動の強さに左右されるだろう。

　すでに分析したように、福島原発事故以後の脱原発運動は、主として日本社会の未組織部分に担われている。彼らは、投票行動においても、圧力団体としても、政党としても、組織されていない。そうした人々の声は、インターネットには適合的だが、20世紀型の代議制民主主義には反映されにくい。また日本の場合には、こうした組織化されない声は、マスメディアにも反映されにくかったといえる。

　ただし現代の先進国においては、1960年代のように、組織されない人々の方がむしろ多数派となっている。そのことは、OWS運動が掲げた「われわれは99％だ」というスローガンにも象徴されている。「1968年」には、組織されない人々の方が少数派であり、そうした人々の象徴的存在が、コーポラティズム体制に異議申し立てをした学生やアーティストだった。マイノリティの反乱だった「1968年」と、「99％」の抗議だった「2011

年」は、この点で大きく違っていたといえる。

　しかし、組織されない人々が多数派になっても、その声が、20世紀に作られた政治制度のもとでは反映されにくい。そのことが、日本に限らず世界各地において、直接民主主義の志向を持つ示威活動が2011年以降に頻発した理由といえる。また同時にそのことは、こうした運動の多くが、その高まりにもかかわらず、選挙結果を左右することに直結していない理由であるともいえよう。

　すなわち、こうした人々の声を集約することが、日本に限らず今後の課題になる。その場合、声を代弁するのが議会の多数派ではなくとも、世論の後押しなどで政策が実現する可能性はある。

　一例として、2012年夏において、MCANと首相の会談が実現し、民主党が「2030年代に原発ゼロ」を決定した経緯を述べる。MCANがコンタクトできたのは、菅直人元首相をはじめとした、民主党のなかの少数グループであった。しかし当時、民主党は小沢一郎元幹事長のグループが離反の動きを見せていた。また9月には、民主党代表選を控え、当時の野田佳彦首相は再選のために党内の支持を得る必要があった。そして官邸前では万単位の抗議運動が毎週行なわれ、全国87都市に金曜抗議が広まっていた。

　こうした状況で、無名の活動家たちが首相と会談するに至り、翌月に原発の全廃という政策が決定された。これが可能になったのは、運動の高揚と、政治的機会構造がかみあったためと考えられる。原発はすでに維持にコストがかかる産業であり、利益を得ているのは社会全体では少数である。このような問題に

ついては、組織を持たない運動も、政治的効果を持ちうるといえる。

5-2　日本における社会運動の未来

2011年から4年を経て、日本社会にも変化がおきている。

2015年夏の安保法制反対の集会は、2012年の脱原発運動よりも、はるかに大きく報道された。これは日本のマスメディアが、2012年の経験に学んだことが一因だったと考えられる。

また2015年夏には、安保法制に反対する学生団体SEALDs（Students Emergency Action for Liberal Democracy-s）が注目を集めた。彼らは、2012年から官邸前抗議をはじめとした脱原発運動に、一般参加者として参加していた。SEALDsの中心メンバーである奥田愛基は、2012年夏にツイッターで約300人の学生を集めて官邸前抗議に参加し、そのあとに日本社会の現状について討論を行なっていた[*55]。SEALDsの原点は、ここにあるとも言える。

前述のように2012年の段階では、大企業正社員と学生は、まだ活動家を輩出していなかった。SEALDsの出現は、日本社会の変化を示している。

その背景にあるのは、経済の停滞と、それに伴う不安定性の増大である。奥田は2015年8月のインタビューで、こう述べている[*56]。「1年間やってみてわかったのは、家が大変だったり、奨学金の借金を600万円も抱えていたりするメンバーが半分くらいいるということです。いつも生活費に困っていて、交通費がないからミーティングに来られない奴とかがいるんです。たった数百円の余裕もない」。2012年には、学生はまだ「認知的

プレカリアート」のなかに大きく加わってはいなかったが、それが変化してきているといえよう。

　SEALDsの特徴も、本稿で述べた脱原発グループと、ほとんど同じである。20〜30名の中心メンバーと、150人前後の周辺メンバーという構成。事務所を持たず、ホームページとSNSで情報拡散するスタイル。音楽とデザインを駆使したアピール。抗議の日に国会前にステージとPAを用意はするが、当日にどういう人がどのくらい集まってくるかは、彼ら自身もわからない。

　そこに集まってくるのは、老若男女あらゆる人々である。マスメディアは1960年代の再来になぞらえることもあるが、2015年の参加者の年齢構成はまったく違う。学生自治会が組織動員していた1960年代では、参加していたのは学生だけだった。2015年では動員の形が違うから、参加者が学生ばかりということはありえないのだ。

　主催グループが学生の集団でも、参加者は高齢者を含む、社会のあらゆる層である。60年代のように、学生自治会を握り、特定大学の学生を組織動員するのとは、まったく異なる。SEALDsは「学生運動」というより、「学生が主催者になった社会運動」と呼んだ方が適切であろう。

　また2012年以降、官邸前に集まって抗議するという政治文化が定着した。日本では1960年の日米安保条約改定反対運動以降、国会や官邸の周辺は、集団的な示威行為は制限されていた。2012年3月にMCANが官邸前の歩道で抗議を始めたときは、わずか300人だったためと、脱原発の世論があったために、警察は黙認していた。それが同年夏に大きく膨張して以降、官邸と

国会の周辺は、抗議の場として定着したのである。

　2012年夏以降、MCANの活動家たちは、毎週金曜にこの地帯で抗議を行なってきた。その回数は、2016年1月29日には181回を数えた。彼らは警察と交渉しながら、この地帯で抗議が行なえる状況を、2012年以降ずっと維持してきた。

　そして2012年以降、2013年には特定秘密保護法反対運動、2014年には安全保障に関する閣議決定の反対運動が、国会前の空間を抗議に活用した。SEALDsのメンバーたちは、2013年には秘密保護法反対のSASPLというグループを名乗って、国会前で抗議活動をしていた。彼らはMCANと同じ場所で活動しながら、機材使用や集会運営のノウハウを、間接的・無自覚的に学んでいたとも形容できるだろう。

　そしてSEALDsは、2015年初夏からは、MCANの抗議と折り重なるように、国会前の隣接した場所で毎週金曜の抗議を開始した。その延長で、2015年には安保法制反対運動は広がった。

　2015年8月30日の国会前の12万人の集会は、突然におこったのではなく、2011年以降の長期的文脈で成立したものである*57。2011年以降ずっと調査してきた立場から言えば、2015年には、2011年にくらべて根本的な変化はなかった。もっとも大きな変化は、SEALDsがマスメディアから注目を集め、こうした運動が日本に存在することが周知されたことだろう。

　MCANやSEALDsは、21世紀の社会を象徴する運動である。彼らはフレキシブルで、不安定で、組織を持たず、インターネットで結びついており、特定の世代や属性の人々ではない。それは、原発産業や自民党に象徴される、20世紀の経済と政治のシステムとは、およそ異質である。異質であるがゆえに、彼ら

は20世紀の政治システムに、なかなか影響力を持ちえない。また2015年夏の運動の高揚は、2012年の夏がそうであったように、長くは続かなかった。

　しかし、原発産業と自民党は、小さくなっていく岩である。それに対し、彼らに代表される新しい波は、強くなる傾向にある。組織を持たない運動には、必ず高潮と退潮が伴う。しかし20世紀の政治システムが、21世紀の社会と調和せず、機能不全が意識され、不満が蓄積するという問題は、そう簡単に解決しない。それが続く限り、21世紀型の運動は、今後もくりかえし、トピックを変えて台頭する可能性がある。

　そしてこの問題は、日本という特定の地域、脱原発という特定のイシューに限定されない。それは、グローバル化と情報化が進む現代社会において、民主主義が機能する条件は何なのかという、世界のすべての人々に関わる問題なのである。

　SEALDsの奥田は、2015年9月のインタビューで、2012年の官邸前抗議について、こう述べている[*58]。「あの時デモを見ていたから、いま毎週国会前で抗議をしている。いまの運動を見た次の世代が何かを始めたら、また新しいステージに入るのかもしれません」。日本社会は、安定と繁栄の「ジャパン・アズ・ナンバーワン」の時代から40年を経て、新しい段階に入りつつある。

　　＊1　原発事故後の運動の総覧には、町村敬志らの調査である「3.11以後における『脱原発運動』の多様性と重層性」(『一橋社会科学』第7巻、2015年3月) が便利である。後述するように、本稿が調査

対象としたMCANをはじめ、新しい運動グループの多くは、この調査には回答していない。

＊2　この数字は主催者発表である。日本の集会では、主催者の発表する参加者数と、警察が発表する参加者数が、大きく違う。この違いは、とくに2011年以降に目立つ。一つの理由は、2012年以降に定着した官邸や国会の周辺での抗議の場合、人の入れ替わりが激しいことである。午後6時から8時に開かれる抗議に、7時半から参加する者もいれば、6時から参加して7時に帰ってしまう者もいる。主催グループは、参加したということを重視して、これを2人と数える。しかし警察は、道路警備という観点から、同時刻に路上にいたのは1人だと数える。それ以外に、政治的理由によって主催者は数字を誇張し、警察は小さく発表しているという見方もされているが、これは裏付けられていない。

＊3　Noriko Manabe, Music in Japanese Antinuclear Demonstrations: The Evolution of a Contentious Performance Model, The Asia-Pacific Journal, Vol. 11, Issue 42, No. 3, October 21, 2013. http://japanfocus.org/-Noriko-MANABE/4015　Alexander Brown and Vera Mackie, Introduction: Art and Activism in Post-Disaster Japan The Asia-Pacific Journal, Vol. 13, Issue. 6, No. 1, February 16, 2015. http://japanfocus.org/-Alexander-Brown/4277

＊4　2011年6月の東京の脱原発デモを、主催グループ別に調査し、若年層の参加度を調べた平林祐子「脱原発デモと若者」(『季刊　ピープルズ・プラン』58号、2012年7月6日)は、当時のデモを実証的に調査した数少ない事例である。しかし平林の調査は、年齢以外の属性分析や主催グループの特性などには及んでいない。

＊5　小熊英二「盲点を探りあてた試行」(小熊英二編著『原発を止める人々』、文藝春秋社、2013年)。

＊6　Ran Zwigenberg, "The Coming of a Second Sun": The 1956 Atoms for Peace Exhibit in Hiroshima and Japan's Embrace of Nuclear Power. The Asia-Pacific Journal, 3685. http://japanfocus.org/-Ran-Zwigenberg/3685/article.html

＊7　武田徹『私たちはこうして『原発大国』を選んだ』（中公新書ラクレ、2011年）159－166頁。

＊8　同上書142頁。

＊9　「電源三法」と呼ばれる三つの法律により、電気料金から拠出された補助金を、原発の立地自治体に与えることが制度化された。これにより、立地自治体の脱原発運動は、著しく弱まった。

＊10　こうした共産党の姿勢の背景に、戦争の経験があったことも考えられる。科学力と生産力が不足していたために、アメリカに敗れたという意識は、当時の日本に広く存在した。こうした弊害は、保守政権によって改善することはできず、共産党こそが合理化をなしとげてくれるだろうという期待が、共産党が戦後日本で支持された要因の一つであった。

＊11　ただし社会党においても、反原発運動は、主要な政策課題ではなかった。また1994年に、自民党と社会党の連立政権ができたとき、社会党は原発への反対を党の方針から放棄した。

＊12　Eiji Oguma , Japan's 1968: A Collective Reaction to Rapid Economic Growth in an Age of Turmoil, The Asia-Pacific Journal, Vol. 13, Issue. 11, No. 1, April 2015.

＊13　詳しくはEiji Oguma, Japan's Nuclear Power and Anti-Nuclear Movement : from a Socio-Historical Perspective, speech script for UCB in 2013, http://ieas.berkeley.edu/events/pdf/2012.04.20_sustainability_oguma_en.pdf

＊14　とくに子供を持つ若い母親が、こうした運動の中核となった。その背景の一つは、1970年代から80年代にかけての日本では、高学歴女性の社会進出が阻まれていたことである。

1985年に日本が女性差別撤廃条約を批准し、男女雇用機会均等法を制定するまで、日本の女性は公然と雇用において差別されていた。高学歴の女性は、学歴にみあった職がないまま、専業主婦になることを強いられていた。彼女たちのなかには、1968年の学生運動を経験した人々もいた。これらの女性たちは、自由な時間と高い知識欲、経済的余裕などの資源に恵まれていた。こうした女性たちが、1980年代の日本のフェミニズム運動、環境保護運動、自然食運動、脱原発運動などの担い手になったのである。

　1986年のチェルノブイリ原発事故の直後に台頭した反原発運動は、こうした人々に担われていた。これら一連の運動は、当時においては、「新しい社会運動」や「反原発ニューウェーブ」などと称された。

　しかし本稿では、こうした女性たちに代表される都市中産層による運動を、「新しい社会運動」と呼ぶことをしていない。現代の日本では、ポスト工業化による経済の構造変化のため、専業主婦が全体に減少している。本稿の調査でも、活動家に主婦が占める比率は多くなかった。

　本稿で「新しい社会運動」と呼んでいるのは、日本がポスト工業化社会になったあとに台頭した運動である。こうした運動は、本稿でも言及しているプレカリアート運動に端緒がみられた。そして、それが大規模に出現したのが福島原発事故後の脱原発運動だった。

　1980年代の日本では、主婦を中心とした都市部の運動が「新しい社会運動」と呼ばれた。とはいえその社会背景は、アメリカや西欧とは異質だった。アメリカや西欧では、1970年代には製造業がピークアウトしていた。しかし日本では、製造業の就業者数がピークに達したのは1992年であった。つまり1980年代では、アメリカや西欧はポスト工業化社会であったが、日本は工業化社会であった。

　主婦を中心とした日本の「新しい社会運動」は、じつは日本が工

業化社会だった時代のものであった。それは必然的に、アメリカや西欧とは、異なった社会背景から現れたものだった。それにもかかわらず、日本で1980年代の運動が「新しい社会運動」と呼ばれたのは、同時代のアメリカや西欧の運動の研究に影響されたことが一因であった。しかし実際には、その実態は、日本と欧米では異なっていたのである。

*15　これらのデモは、前掲Noriko Manabe, Music in Japanese Antinuclear Demonstrations: The Evolution of a Contentious Performance Modelで見ることができる。

*16　Michael Hardt and Antonio Negri, Declaration, Argo Navis Author Services, 2012.

*17　調査の詳細と回答は、小熊英二編著『原発を止める人々』(文藝春秋社、2013年)。なお、ここでいう「中心的担い手」の定義は、ある程度定常的に活動を行なっている者のことである。この点で彼らを、「一般参加者」と区別している。

*18　この調査は、調査と記録を兼ねて、活動家たちに寄稿してもらうという形態で行なわれた。ただし寄稿にあたり、本文に記した調査項目を記入してもらうように依頼した。

　依頼先の選択は、ランダムサンプリングの形態をとっていないため、この調査から全体像を推測するには留意が必要である。だが同時期に行なわれた町村敬志たちの調査を見ると、この種の運動に対してランダムサンプリング調査がきわめてむずかしいことがわかる。

　町村たちは、下記のように日本全国の「脱原発運動」団体の調査を行なった。①『朝日新聞』『毎日新聞』の2011年3月12日から2012年3月31日の記事を対象に、「原発＆市民」「原発＆団体」「エネルギー＆市民」「エネルギー＆団体」のいずれかのキーワードを本文中に含む記事を検索し、そこに登場する団体をリスト化する、②抽出された約1600団体をウェブなどの公開情報で連絡先を確認する、

③それらに質問紙を送付する。このような手法をとったが、新聞記事だけでは運動団体が捕捉できないことが明らかになったため、④2012年1月14日に横浜で開催された「脱原発世界会議」に展示を出した団体を加えたという。

しかし、連絡先が判明した904団体に郵送で質問紙を送付したが、回収率は36.1％にとどまった。そして首相官邸前の抗議活動を行なったMCANをはじめ、2011年から12年に前述したような抗議活動を主催した小グループで、この調査に回答したグループは私の知る限りなかった。

その理由は、①これらのグループは新聞にとりあげられていない、②事務所を設置しておらず連絡先がウェブ上にしかない、③当面の活動に忙しくこの種の調査に回答しない、といったものだった。結果として、町村らの調査に回答した団体は、郵便で質問紙をうけとれる事務所を持っている団体に限られがちだった。そのために、①福島原発事故前から活動している団体が66％を占め、②法人格を取得している団体が42％を占めている。

私はこうした調査の意義を否定するものではない。しかし、このようなオーソドックスな調査が、手続き上はともかく、実質的にはランダムサンプリングにはなりえないことがわかる。こうした調査手法は、流動性の高い現代の社会運動を調査するには、不向きなのである。結果として町村らの調査は、ランダムサンプリングを志向していながら、日本の社会運動のなかでも、古く固定的な部分を対象にするにとどまった。私が行なった調査は、町村らの調査と、いわば補完関係にあるといえる。

＊19　年齢を明確に回答しなかった者もいるが、自由記述された経歴から推定できた。そもそも、29歳11か月と30歳1か月を区別するのは、それほど実際的な意味はない。記述した年齢構成は、あくまで概略として考えていただきたい。

*20　以下、『東京新聞』朝刊の連載「ここから　定点観測・国会前」より。掲載日は、人物の属性に付した参加日の翌日である。

*21　この例は「金曜の夜、官邸前で」(『朝日新聞』2012年7月19日) より。

*22　ウェブでの公表によると、2012年10月の13グループから、2014年2月には11グループと「その他個人有志」に変わっている。http://coalitionagainstnukes.jp/?page_id=28　2016年5月1日には、2011年9月以降の活動を経てグループの連合体という性格が薄れたため、首都圏脱原発連合という名称は変更しないが、自分たちの規定を「ネットワーク組織」から「グループ」に変更したと発表された。http://coalitionagainstnukes.jp/?p=5853　(2016年12月20日アクセス)

*23　スポークスパーソンであるミサオ・レッドウルフのツイッターのフォロワー数は、7142人。MCAN名義のツイッターのフォロワー数は2万3664人である。いずれも2015年9月9日時点。また2015年9月19日時点で、SEALDs名義のツイッターのフォロワー数は5万9261人、SEALDsの代表的メンバーである奥田愛基名義のツイッターのフォロワー数は2万4384人だった。

*24　2015年8月24日付著者宛メール。日本の新聞記者のリアリティをよく反映した資料として、当人の許可を得て引用する。

*25　ベ平連については、小熊英二『1968』(新曜社、2009年) 下巻第13章。

*26　野間易通『金曜官邸前抗議』(河出書房新社、2012年) 163頁。

*27　MCANメンバーによる座談で、ミサオ・レッドウルフの発言。小熊編著前掲『原発を止める人々』17頁。

*28　野間前掲書36頁。

*29　小熊編著前掲『原発を止める人々』145頁。大阪の活動家の回答より。

*30　2015年8月22・23日実施の朝日新聞社の世論調査では、原子

力発電の将来について「ただちにゼロ」が16％、「近い将来にゼロ」が58％、「ゼロにはしない」が22％。原発の再稼働に「賛成」が28％、「反対」が55％となっている。『朝日新聞』2015年8月25日朝刊。

＊31　「自民党組織"崩壊現象"愛知県連　党員数3分の1に激減」（日本共産党愛知県委員会ホームページ、2008年9月21日付記事）。http://www.jcp-aichi.jp/minpou/080918-134937.html　2015年8月25日アクセス。

＊32　野田数「衝撃のデータ『あと10年で自民党員の9割が他界する』」（『President Online』2014年9月29日号。http://president.jp/articles/-/13400?page=2　2015年8月25日アクセス）。なお自民党は、2012年12月の政権復帰後に、議員にノルマを課して党員の拡大に努めている。これにより、2012年に73万だった党員が、2013年に78万、2014年に89万に増加したとされている（2016年10月に100万に達したと報じられたが、実際には未達成だったと訂正された。「自民党員100万人回復」『読売新聞』2016年10月2日朝刊）。しかし野田によると、ノルマを課された地方議員が、党費を肩代わりして地域住民を名目的に入党させているにすぎないと指摘している。議員側の動機は、党員数を獲得しないと党中央から公認を取り消されることへの恐れであり、公認が得られれば党から支給される公認料で、肩代わりした党費はまかなえるという。こうした形式的な党員数は、統一地方選が終われば、また減少すると野田は予測している。

＊33　2016年7月の参議院選挙では、2011万票に回復した。

＊34　このときの選挙協力の効果については、菅原琢『世論の曲解』（光文社新書、2009年）第2章の分析を参照。社民党と国民新党が民主党と選挙協力し、共産党は競合する選挙区で候補者を限定して間接的に民主党を支援した。

＊35　菅原琢「なぜ自民党は総選挙に勝利し、安倍内閣は支持を集めているのか」（『SIGHT』2013年春号）。

*36 「与野党対決　地力の差」(『朝日新聞』2015年4月3日朝刊)。

*37 「脱原発の票　分散」(『朝日新聞』2012年12月17日夕刊)。

*38 野田前掲論文

*39 Election Campaigning, Japanese Style, Columbia University Press, 1971.

*40 「導入が加速する太陽電池、日本では2030年に100GWまで拡大」Smart Japan, 2015年4月9日付。http://www.itmedia.co.jp/smartjapan/articles/1504/09/news021.html　2015年8月27日アクセス。

*41 太陽光発電の累積導入量の拡大はREN21, Renewables 2016 Global Status Report, June 2016を参照。ピーク時の太陽光発電の貢献度はISEP (Institute for Sustainable Energy Policy)「定着した原発ゼロの電力需給」(2016年6月) http://www.isep.or.jp/library/9497 (2016年7月アクセス)

*42 1951年は9地区で始まったが、1972年の沖縄返還で10地区となった。

*43 岡田広行「値上げ頼みの電力決算　始まった深刻な客離れ」(『週刊東洋経済』2015年11月21日号)。

*44 同上論文。

*45 「原発の発電コスト見直し　事故確率半減を前提」(『朝日新聞』2015年4月16日朝刊)。

*46 「原発安全費　2.3兆円」(『東京新聞』2015年5月17日朝刊)。

*47 「日本の原発、再稼働展望は3分の1以下　17基は困難か」(Reuters, 2014年4月2日)。http://jp.reuters.com/article/idJPL4N0MS3OP20140402 (2015年8月27日アクセス)

*48 「終わった『原発ゼロ』」(『朝日新聞』2015年9月5日夕刊)。

*49 「再稼働に交付金15億円」(『朝日新聞』2015年1月15日朝刊)。

*50 「割れる再稼働賛否」(『東京新聞』2015年5月25日朝刊)。

*51 日吉野渡「誰も、本気で考えない『原発の未来』」(『新潮45』

2015年6月号）51頁。

＊52　計算は以下のように行なった。「ゼロにしない」「徐々にゼロ」「今すぐゼロ」の各比率に、各類型ごとの自民党に投票したという回答の比率をかけ、合計すると26.61％になる。2012年衆議院選比例区の自民党の得票率は27.62％なので、その差は1.01％。この衆議院選挙の無効投票率は2.40％なので、これを「その他・無回答」の7％から引くと5.6％。この5.6％のなかの自民党への投票が、残りの1.01％を埋めたと仮定すると、このグループの18％が自民党に投票したことになる。しかしこれは「今すぐゼロ」で自民党に入れた16％と大差がなく、いささか低すぎるように思われる。そこで、暫定的に自民党の全体の得票率である27.62％より高めの30％と暫定的に計算した。なお、「その他・無回答」の4割が自民党に入れたと仮定すると、自民党の脱原発票依存度は68.5％（うち即時ゼロ7.6％）、7割が自民党に入れたと仮定すると自民党の脱原発票依存度は64.0％（うち即時ゼロ7.1％）となる。「その他・無回答」の自民党投票率を30％と仮定すると、自民党の脱原発票依存度は70.9％（うち即時ゼロ7.8％）である。いずれにせよ出口調査からの類推なので、厳密な整合性はあまり追求しなかった。

＊53　Eiji Oguma, "Weakened LDP power base allows Abe to run roughshod over, opposition", The Asahi Shimbun, July 7, 2015 . https://ajw.asahi.com/article/views/column/AJ201507070008

＊54　日吉前掲「誰も、本気で考えない『原発の未来』」48頁。

＊55　奥田愛基「勇気、あるいは賭けとして」（『現代思想』2015年10月臨時増刊号）48頁。

＊56　奥田同上インタビュー59頁。

＊57　この集会は、主催者発表で12万人、警察発表で3万3000人とされている。数字の食い違いの理由の一つは、前述したとおりである。

＊58 「官邸前デモ『政治文化を作り出した』」(『朝日新聞』2015年9月7日夕刊)。

不安定、政治の危機、社会運動
シカゴ大学およびUCLAでの講演

Instability, the Crisis of Politics, and Social Movements

今日はここで講演ができて光栄です。

講演のタイトルは、「不安定、政治の危機、社会運動」です。私はこのテーマについて、思想的な考察、日本における歴史、そして現状を話します。

このテーマは、日本に特殊なものではなく、普遍的なものです。そこでまず、思想的な考察をお話しします。しかし普遍的なものは、場所や時代によって、個別な表れ方をします。そのため、日本社会における歴史と、現状をお話しします。なお、歴史といっても、対象は1970年代以降となります。

1

近代は「不安定の時代」です。むしろ、近代とは、不安定が増していく時代のことだ、と言ってよいでしょう。

なぜ、近代になると、不安定が増すのでしょうか。私は、それは近代が自由意志の尊重にもとづいているからだ、と考えます。

私はキリスト教徒ではありませんが、聖書を読んだことはあります。そこでは、人類が最初に自由意志を持ったのは、アダムとイヴが知恵の実を食べて楽園から追放されたこととされているようです。西洋の思想家、たとえばジャン=ジャック・ルソーは、自由意志は不平等の起源ではあるが、進歩の原動力でもあると論じました。

人間は、共同体のなかにいて、慣習に従っていれば、安定することができます。しかしそれでは、経済も、科学技術も発展しません。

そして近代になると、自由意志は肯定的に評価されるようになり

ました。近代化が進むと、不平等と不安定、政治の危機が生じます。

　不平等は、なぜ政治の危機につながるのでしょうか。理性的な判断をする中産層が減るからだ、と政治学者は説明します。しかしここには、もう少し分析が必要です。

　中産層とは、一定以上の財産を持っている人のことです。財産を持っていると、貧困から自由になれます。貧困や恐怖に脅かされている状態では、人間は食べ物と安全の確保に追われ、理性的になれません。

　しかし、財産と収入は違います。収入を増やすには、リスクをとることが必要で、それは財産が減るリスクにもつながります。それは、不安定になり、不合理な状態に至るリスクになります。

　こうしたことに、古代ギリシャの哲学者は自覚的でした。プラトンは、お金のために土地を売ってしまう人が増えると、人々が善のイデアから遠ざかり、僭主政がおきると考えました。アリストテレスは、金もうけの術であるクレマティスケーと、生活を安定させる術であるオイコノミケーを区別しました。

　ギリシャ哲学に影響されたハンナ・アーレントは、財産propertyと富wealthを区別しています。財産は、自分が世界の一部であり、世界のなかに自分の場所があるという感覚を与えます。その場合の財産とは、具体的にはたとえば、土地を持って共同体の一員になることです。

　一方で富は、社会全体の年収における自分の取り分です。財産は、共同体に対する責任感と政治参加につながります。しかし富はそうした効果をもたらさず、無責任と無関心を助長することさえあります。

　そしてアーレントは、近代になると、財産が生産と消費の過程にまきこまれ、破壊されていったと考えました。それは、人間を不安定にし、政治に危機をもたらします。そうした状態に、人間は長く

耐えることができません。

そこで人間は、自分たちを安定させる共同体を、近代の社会条件のもとで作りました。たとえば、労働組合や家族です。労働組合は、近代の社会的条件のなかで、新しく作り出された共同体です。また、男性が賃金労働者になって、女性が家事をするといった家族は、近代になって新しく作り出されたものでした。

そうした近代の共同体の成立を可能にしたのが、安定した雇用です。男性が長期雇用されないと、女性が家事に専念する家族など成り立ちません。また同じ職場に長期雇用されている労働者の方が、組合に組織するのも容易です。

雇用は、単に所得が確保されるということではありません。雇用は、ある人間を、一定の期間にわたり、一定の関係のなかに安定させます。雇用とは、世界に位置を占めること occupation でもあります。そうした意味では、近代になって失われていった財産の機能を、代替するものだったともいえます。

そのため、雇用が安定すると、政治が安定しやすくなります。20世紀には、労働組合を基盤にした社会民主主義政党と、家族や教会を基盤にした保守政党が、政治の安定を築いていました。どちらの政党も、雇用の安定を前提とした、共同体に支えられていたと言えるでしょう。

雇用において重要なのが、製造業でした。20世紀の製造業は、学歴が高くない男性に、安定的な雇用を与えてきました。そうした男性たちが、労働組合や、家族を安定させてきました。PCもEメールもなかった時代には、現在では機械や外国に代替されている製造業の仕事が、国内に大量にあったのです。

しかし現代では、こうした雇用も、政治も成り立っていません。これは世界中でおきていることです。20世紀の半ばに全盛だった二大政党は、どこの国でも力を失っているか、変質しています。

こうした趨勢に対して、どうしたらいいでしょうか。収入が増えればよい、とは単純にいえません。GDP（国内総生産）は、市場で取引されない財産を評価しません。そして雇用が増えればよい、とも単純にいえません。なぜなら、最近増えているのは、不安定な雇用、世界に位置を占める状態につながらない雇用だからです。

　こうした状況のなかで、2011年以降の世界各地で、新しい社会運動が起きていることです。私にとって興味深いのは、これらの社会運動が、場所を占拠するという形をとっていることです。

　それはあたかも、世界のなかで場所を失った人々が、自分の場所を取り戻そうとしているかのようです。エジプトで、ニューヨークで、スペインで、香港で、台湾で、最近ではフランスで、広場や国会を占拠する運動がおきました。そこでは、無名の人々が発言をして姿を現し、議論をしました。

　このことは、アーレントが、人間の活動を評価したことを想起させます。ここでの活動は、speech actによって世界のなかに姿を現し、位置を占めていくことです。アーレントは社会主義socialismや社会socialという言葉を嫌いましたが、1960年代の社会運動social movementを評価していました。

　思想の話は専門ではないので、これで終えます。以上を踏まえて、日本の政治と社会運動について、お話しします。

2

　まず、日本の1970年代以降の歴史について話しましょう。戦後日本には、いくつかの区切れ目があります。私は外国で日本現代史を講義するとき、ときどきこんな話をします。

「日本の首相はしょっちゅう変わって、覚えにくい。そこで私が、いちばん簡単な覚え方を教えましょう。

まず、1945年から1954年までの首相は、外交官です。アメリカの占領軍と交渉するのが、首相の仕事だったからです。内政は不安定でしたが、この時代の日本の首相は、英語が話せました。
　1955年から1993年までの首相は、地方のボスか、あるいは元官僚でした。この時代は、官僚が政策を作り、地方のボスが民衆を統合しており、日本の政治と経済は安定していました。しかしこの時代の首相の多くは、英語が話せませんでした。
　1993年以後の首相は、政治家の息子か孫、つまり二世か三世です。概して言えば、政策的な知識や、民衆を統合する能力は、前の時代の首相より落ちています。日本の政治と経済は、不安定になっています。そしてたいてい、英語も話せない。
　どうです、覚えやすいでしょう？　とりあえず、これがわかれば、一人一人の名前は覚えなくても問題ありません」

　このような政治の区分は、日本社会の変化を反映しています。国際環境、経済、技術、地域社会、政党など、あらゆる変化が、首相の変化となって表れているのです。
　ただしこの区分は、日本に特殊なものではありません。1945年は第二次世界大戦の終結、1991年は冷戦の終結です。そして1955年は、スターリンの死と朝鮮戦争の終結、米ソの妥協によって、冷戦構造が安定的な世界秩序になった時期です。日本の歴史的区分も、こうした世界の区分と連動していることがわかります。
　日本に特殊なことがあるとすれば、世界では大きな区分になった1973年が、あまり目立たないことです。ほかの先進国では、1968年の社会運動の高まりと、1973年の石油ショックを経て、1980年代には経済と政治のあり方がかなり変わりました。いろいろな社会運動も、この時期に台頭しました。それと同様の動きは、日本にもありましたが、ほかの国々ほど目立ちません。

そしてこの1970年代後半から90年代初めまでが、日本が世界の研究者から注目され、特殊だと言われた時代でもあります。また日本の社会運動が低迷していたのも、この時期でした。

　現代日本を理解するには、この時代の日本について考える必要があります。そして1970年代後半から90年代前半の日本には、ほかの国々とは違う特徴が、ほかにもあります。

　まずこの時期の日本では、低学歴の人の方が、高学歴の人より、投票率が高い傾向がありました。これは、ほかの先進国とは、逆の傾向でした。

　またこの時期の日本では、製造業の就業者数が、増加する傾向がありました。日本の製造業の就業者数のピークは1992年です。これもまた、同時代のほかの先進国とは逆でした。

　このような特徴は、なぜ生じたのでしょうか。

　じつは日本でも、1973年の石油ショックの直後は、製造業の就業者数は減りました。ところが70年代後半から、ふたたび増加し、それが1992年まで続きます。

　その原因については、諸説があります。原因が何だったにせよ、1970年代後半から80年代の日本は、アメリカと西欧で衰えた製造業を、代替する形になっていました。アメリカの対日貿易赤字も、その結果でした。1984年のアメリカの対日貿易赤字の4分の1は、在日アメリカ企業のアメリカへの輸出と、アメリカ企業による部品やOEM契約の注文でした。

　いわば80年代の日本は、「世界の工場」として、2000年代の中国のような位置にあったともいえます。そして冷戦が終わり、中国が世界市場に入ってくると、日本の製造業は衰退に向かいました。

　当時の日本では、製造業が盛んだったおかげで、雇用も政治も安定していました。ただしその安定は、日本が特殊だという印象を与える性格のものでした。

日本政治の研究といえば、ジェラルド・カーティスの『Election Campaigning, Japanese Style』が有名です。1971年に出版されたこの本（邦訳は『代議士の誕生』）には、共同体を基盤にした自民党衆議院議員候補者の選挙運動が記録されています。自民党の政治家たちは、農村や漁村、あるいは商店や製造業の業界団体など、さまざまな共同体を集票に活用していました。候補者は村や業界団体の有力者に「あいさつ」に行き、有力者が共同体のネットワークで票をまとめて、候補に投票させていました。

　カーティスは最初、この選挙運動のやり方に驚きます。しかし彼は、これは日本に特殊なものではなく、彼が育った1950年代のニューヨークで、民主党がやっていた選挙運動と似ていると考えました。当時の民主党は、移民コミュニティのネットワークを活用して、票を集めていました。

　そしてカーティスは、こうした選挙運動は、近代化によって変わらざるを得なくなるだろうと予測しました。ところが40年以上たった現在でも、自民党の選挙のやり方は、基本的に変わっていません。あたかも、近代化を止めたかのようです。

　それを可能にした理由は、大きく言って、二つあります。

　一つは、法律（公職選挙法）によって選挙の方法を規制し、新しい方法の導入を許さないからです。2013年までは、インターネットを選挙運動に使うことも禁止されていました。また政党は選挙期間中にテレビ広告を出せませんし、許可を得た特定の日時や場所でないと演説もできません。もともとこの法律は、1925年に普通選挙を導入したときに、無産政党が伸びることを警戒して作られたものが原型です。こうした制限が多ければ多いほど、コミュニティのネットワークを把握している保守系の候補は有利です。

　そしてもう一つは、近代化による共同体の衰退を、政策で止めようとしたことです。政府の予算で公共事業を行ない、地方から都市

への人口流出を止めようとしたり、商店会や業界団体への補助金が与えられたりしました。こちらは選挙だけでなく、日本社会全体に関わりますから、もう少し詳しく説明します。

個々の自民党の政治家は、意識的に近代化を止めようとしたわけではありません。ただ彼らは、自分が当選するために恩顧主義clientelismを実行し、それによって恩顧主義の対象である共同体を維持しようとしました。自民党は、敵対する共同体、たとえば労働組合を潰すためには、民営化などの新自由主義政策を適用し、共同体維持の政策はとりませんでした。

一貫性はなかったにせよ、このような共同体維持の政策が可能だったのは、公共事業や補助金を配分する予算があったことでした。その前提は、当時の日本が「世界の工場」の位置にあり、経済が好調だったことでした。

こうした政策は、一時的には成功しました。1970年代後半から1980年代前半にかけて、都市部への人口移動が減りました。各種の統計は、日本ではこの時期が、経済格差がいちばん小さかったことを示しています。

またこの時期には、日本各地で伝統の発明がおこりました。出版産業や旅行産業が盛んとなり、各地の「伝統文化」が再評価されました。地方の自治体や企業は、「伝統的」な地場産業や特産品開発に取り組みました。エレキギターや電子オルガンを使った演歌や、大型スピーカーやレコードを使って化学繊維のキモノを着て参加する盆踊りが各地で盛んになったのは、高度成長期以降です。

当時の日本は、外国人からみれば、技術と製造業が栄えながら、経済格差が少なく、政治が安定し、労働や教育のモラルが高く、地域共同体が維持され、古い文化が保たれ、治安もよい社会に映りました。一言でいえば、発展と安定の両立という、近代の難題に模範解答を出した国にみえたのです。1979年には、エズラ・ヴォーゲル

の『Japan as No.1』が出版されました（日本では同年に邦訳が刊行）。現代まで続いている日本に対するステレオタイプは、この時期に形成されたといってよいでしょう。

しかしこのような安定は、政治参加の低調さと表裏一体でした。自民党が政策で維持した地域や業界の共同体では、年長者支配も維持されました。これは、女性や若者を、決定から排除することにつながりました。こうした状況を嫌った人々、とくに学歴の高い人々は、大都市に出て行ってしまう傾向がありました。政策によって地方に雇用ができても、それが必ずしも高学歴の人が求める職種ではなかったことも、この傾向を強めました。

こうして地方には、学歴の低い人や、年長者が残ることになりました。年長者は、若い人々より学歴が低い傾向がありました。彼らは、地域や業界の共同体のネットワークで、自民党の政治家に投票しました。こうして、学歴が低い人の方が、投票率が高いという傾向が生じました。

それに対し、都市ではどうだったでしょうか。都市にも自民党支持の地域や業界の共同体がありましたが、地方ほど強くありませんでした。一方で労働組合は、近代化の趨勢と、新自由主義政策で組織率が下がっていきました。そのため、都市では人々は原子化してしまい、投票率が低い傾向がありました。

日本に限ったことではありませんが、何らかのネットワークに所属していない人は、投票率が低い傾向があります。世界に位置を占めている感覚を持ちにくく、政治に関心を向けるインセンティブが持ちにくいからです。日本の政治学者の調査では、一定地域に居住している期間が3年以下の人々、言いかえれば地域共同体のネットワークに属していない人は、投票率が低いことがわかっています。

また日本の公職選挙法は、選挙運動員による戸別訪問も、特定の場所と日時以外での演説も、政党によるテレビ広告も禁止していま

す。そのため、政党のために票をまとめている地域や職場のネットワークに属していないと、政治の話題に接する機会も少なくなります。これは、現在の選挙制度で当選している現職議員に有利な制限なので、議員たちは変えたがりません。

　もちろん、都市部で新しいネットワークを形成する動きも存在しました。1960年代に都市部に移住した若者のうち、一部は公明党を支持している仏教団体の信者となり、一部は共産党の青年組織に入りました。そのため、この時期にはこの二つの政党が伸びました。この二つが組織したのは、どちらかといえば学歴が低い、都市部に移住した人々でした。

　また1960年代には、ニューレフトの学生運動も盛んでした。そして1960年代から70年代には、都市部で市民運動がおこりました。その担い手になったのは、知識人と、高学歴の主婦でした。これらは、学歴の高い人々の動きです。

　日本では都市近郊に住む男性の多くは、昼間は居住地域におらず、遠く離れた都心の職場にいます。昼間に地域にいるのは、自民党を支持していることが多い、農業や自営業の人々でした。しかし、大学教授や弁護士、医師といった通勤していない知識層と、高学歴でありながら女性差別のために職を得られず主婦になっていた女性たちも、昼間に地域に住んでいました。これらの人々が、市民運動の担い手になったのです。

　しかし1980年代以降になると、これらの動きは、停滞していきました。第一の理由は、自民党支持の共同体が強化される一方、市民団体と提携していた労働組合が弱体化していったことです。第二の理由は、近代化と大学進学率の上昇とともに、知識人や学生の政治に対する使命感、言いかえればエリート意識が低下していったことです。第三の理由は、職業取得における女性差別が緩和されたために、若い年代においては高学歴の専業主婦が減っていったことでし

た。

　こうして、1970年代後半から90年代前半は、全体的に社会運動が低調となりました。経済も好調で、人々の不満が少なかったことも、それを助長しました。そして、地域や業界団体の共同体に属している人々は、自民党に投票していました。こうして、高学歴者より低学歴者の方が投票率が高い、という状態が生じたのです。

　これらは、当時のほかの先進国とは異なったあり方でした。いわば日本は、「世界の工場」となりえたという国際的条件と、共同体を維持する政策のもとで、1970年代以降の経済や政治の変化を、最小限に抑えることができました。そのため社会運動も、ほかの先進国にくらべ、大きくならなかったのです。

3

　しかし冷戦の終結とともに、日本のあり方も変化していきます。

　まず製造業の海外移転が進み、日本の製造業就業者数は、2013年には1992年の3分の2まで減りました。雇用の減少を補うため、1990年代には公共事業が増え、1998年には建設業が就業者の11％まで増加しました。しかしこれは膨大な財政赤字を招き、2000年代には公共事業は減少に転じました。

　これらは地方経済の衰退と、都市への人口流出を招きました。しかし都市でも、安定した職が十分に供給されませんでした。地方から都市へ移動した人々の多くは、建設業、サービス業、福祉・介護などの職に就きましたが、これらは不安定雇用が多い部門です。こうした不安定雇用は、いまでは雇用全体の4割を占めています。

　地方からの人口流出、公共事業の減少は、自民党の基盤を弱めました。貿易の自由化や郵便局の民営化なども、同様の作用をもたらしました。1991年には547万人いた自民党の党員は、2012年には73万人まで減りました。自民党愛知県連の2000年代の党員数変化をみ

ると、建設・郵便・医療などの部会では、半数から9割の党員が減っていることがわかります。

こうした変化にもかかわらず、政党政治や選挙運動は、旧来のままでした。一般の政治的関心が高まらず、旧来の組織は弱まる一方なので、投票率は低下する傾向が続きました。

自民党は1999年から、弱体化を補うため、全国で800万の票を組織しているといわれる公明党と連立を組みました。それでも東京や大阪など大都市の知事選挙では、1995年以降、自民党が公認した候補が選挙で負けることが多くなりました。その一因は、自民党の組織は、大都市の方が弱いことです。ただしそれで勝ったのは、社会党や共産党の候補ではなく、有名な作家であったり、テレビで人気を得ていた候補でした。

自民党の衰えは、首相の変化にも表れました。集票基盤が衰えると、連続当選できる議員は、特定の人々に限られていきます。つまり、まだ旧来の共同体が残っている農村地帯で、親から支持基盤を受け継いだ二世、三世の議員です。こうした人々が、1993年以降の首相になっていることは、すでに述べました。

つまり日本では、テレビで人気を得た人と、有名政治家の親族が、有力な政治家になっています。こういう状態は、近代化のために社会が弱り、政治参加の意識が弱っていることの表れです。しかしこれは、日本だけのことではないでしょう。

政治と経済の停滞が続くと、人々の不満が激しくなりました。そして2009年、自民党は、民主党に衆議院選挙で大敗しました。これは、オバマ大統領が就任したのと同じ年でした。しかし、膨大な財政赤字を抱えた状態では、民主党DPJも大きな政策転換ができませんでした。

福島の原発事故がおきたのは、こうした時期でした。それは、エジプトの革命の2か月後、OWS、オキュパイ・ウォール・ストリ

ートの半年前でした。東京を中心に大規模な反原発運動がおき、2012年夏には首相官邸前に20万人が集まりました。それ以後、毎年のように何らかのテーマで大規模な抗議運動が起きました。

　これらの運動は、過去の運動とは違う、いくつかの特徴を持っていました。1960年代までの日本の運動の多くは、労働組合や政党、あるいは学生自治会のネットワークに頼って、参加者の動員をしていました。中心的な活動家は政党や労組のメンバーで、参加者は労組のネットワークで集まる労働者、あるいは学生自治会のネットワークで集まる学生でした。しかし、2011年以降の運動は、以下のような特徴がありました。

　第一に、主催団体は、政党や労組などと関係のない、数十人から数百人の有志が作っていた小グループでした。彼らは組織的な動員力はなく、インターネットやSNSを使って情報を拡散して、参加者を集めました。

　第二に、活動家の多くは、学歴が高いにもかかわらず、安定雇用を得られなかった認知的プレカリアートcognitive precariatでした。私が知っている活動家には、デザイナー、IT自営業、非常勤講師、非常勤図書館員などがいますが、これらはこの20年で増えた不安定雇用の知識職です。彼らは自分の持っているスキルを使って、IT、音響装置、音楽、デザインなどを運動に持ち込みました。

　第三に、集まってくる人々は、老若男女さまざまな人々でした。彼らは、主催者がインターネットで広めた情報をみて集まったのであり、特定のネットワークで動員されたのではありませんでした。これは、労働運動なら労働者、学生運動なら学生というふうに、参加者が特定されていた運動とは違っていました。

　2015年夏には、SEALDs（Students Emergency Action for Liberal Democracy-s）という学生グループが現れ、安保法案に反対して、国会前に10万人以上を集めました。これが1960年の日米安保条約反対

運動の再現のように報道されることもありましたが、実際には、まったく内実が違いました。

　SEALDsは、組織ではなく、200人程度の有志グループです。彼らは1960年代の学生運動のように、自治会の執行部を掌握して、参加者を動員しようとはしませんでした。参加者は、SEALDsがSNSで広めている情報を見て自発的に参加した、老若男女あらゆる人々でした。これは学生運動ではなく、「学生の名を冠した団体が主導した運動」とみなした方がいいでしょう。

　またSEALDsのメンバーには、学生ローンによって、すでに600万円から1000万円の借金を負っている人が多数います。彼らは学生ではありますが、同時に認知的プレカリアートです。公式統計でも、日本の学生の半数は学生ローンを借りていますから、SEALDsのメンバーのこの状況は、日本における学生という存在の変化をそのまま反映しています。

　そして興味深いことに、これら一連の運動は、官邸前や国会前の場所を、時限的に占拠するという形をとりました。そして、参加者のスピーチが次々と行われました。

　以上の特徴は、2011年以降に世界各地に起きた運動と共通していました。日本の運動もまた、世界の一部として行われていたといえるでしょう。

4

　それではこうした現代の運動と、1970年代に「新しい社会運動」と呼ばれた運動は、どう違うのでしょうか。また選挙への影響力は、どうなのでしょうか。以下は、この２点について述べます。

　まず現代の運動と、1970年代の「新しい社会運動」は、共通した特徴もあります。それは両方とも、政党や労組と関係のない小グループから運動が発生したことです。

しかし、異なる特徴もあります。1970年代には、学生や高学歴の女性が、新しい担い手として注目されていました。しかし現代では、年齢や性別において、もっと幅広い層の認知的プレカリアートが活動家になっています。

また1970年代の「新しい社会運動」の参加者は、学生、主婦、移民など、特定の属性を持つ人々でした。だからこそそれは、フェミニズム運動やエスニック運動などの形をとり、「アイデンティティの政治」へと続いていきました。

しかし現代では、参加者はあらゆる年齢層、社会層に広がっています。こうした違いは、スローガンの違いにも表れています。

多くの70年代の運動は、自分たちの属性を掲げました。しかし現代の運動は、「我々は99％だ」（OWS）というスローガンを掲げています。特定のマイノリティや、特定の属性の人々の集まりではないからです。2015年夏の日本の安保法制反対運動でも、「国民なめるな」というスローガンが掲げられましたが、これはそうした変化の表れだと考えられます。

1970年代では、政治決定から疎外されているという不満を持っていたのは、学生や高学歴女性やマイノリティでした。しかしいまでは、99％の人々が、疎外されている不満を持っています。そこでは、特定の属性を掲げた「アイデンティティの政治」は、もはや成り立ちません。

こうした特徴は世界共通ですが、個々の社会には、それぞれの文脈があります。たとえば、SEALDsが安保条約反対を掲げた1960年代の学生運動のリバイバルとして理解されたのは、日本社会が共有している文脈のためです。また東アジアには、学生を尊ぶ慣習があるのため、日本だけでなく台湾や香港にも、学生であることを表に出した運動団体があります。このように、その社会の文脈は、運動の性格と、社会での認知を左右します。しかし研究者としては、そ

の背景にある普遍性の方にも注目すべきでしょう。

　それでは、こうした運動は、選挙にどう影響するでしょうか。これは、そう単純ではありません。

　まずこうした運動の参加者は、特定の社会的属性がありません。特定のネットワークに組織されているのでもありません。参加者の共通性は、政治の意志決定から疎外されている不満だけです。

　そのため、特定の問題に抗議する段階では一緒になれても、共通した未来像を共有するのはむずかしい。また、特定の政党や候補に、票をまとめることもできにくい。そのため、運動の場に何十万もの人が集まっても、支持政党はばらばらになりやすく、選挙には影響しにくい。

　また比例代表制を採用していない国で、社会運動から生まれた政党が国会に進出した例は、ほとんどありません。日本の選挙制度は小選挙区制が中心で、大統領制はありません。つまり、全国単位の占拠がないのです。そして東京で20万人の集会があっても、地方の選挙結果には直接には影響しません。それは結果として、国政選挙に大きな影響が及びにくいことを意味します。

　選挙結果を点検すると、自民党と公明党の保守連合は、各小選挙区で人口の約30％を組織していると考えられます。2009年に保守連合が民主党に敗れたときは、投票率は69％でした。またこのとき、民主党は、ほかの野党と選挙協力を行ない、各選挙区で候補を統一しました。こうした条件のもとでは、各小選挙区で保守連合が３割の票を組織していても、負ける可能性があります。

　しかし民主党政権は、原発事故の対応で失望を買いました。その結果、多くの民主党支持者は失望し、投票をやめました。2012年以降の選挙では、投票率が60％に達したことがありません。それなら、確実に３割を確保している保守連合が勝ちます。野党が選挙で協力しなければ、さらに勝利は確実です。

こうしたことへの理解が進んできたため、2015年の安保法制反対運動は、野党に選挙協力を促しました。もちろん、すぐに大規模な変化を、選挙結果にもたらすのは簡単ではありませんでした。とはいえ、社会運動が政党政治に、ある種の活性化をもたらしたとはいえます。

　さて、結論に入りましょう。いまの日本は、不安定化、政治の危機、社会運動の台頭が起こっています。しかしこれらは、日本に特殊な現象ではありません。世界に普遍的な現象が、日本の文脈のなかで起きているのです。

　それを踏まえるなら、私たちは、日本を理解するために、世界を理解しなければなりません。また同時に、世界を理解するために、日本を理解しなければなりません。ここにこそ、各国の研究者が、お互いが協力できる、また協力しなければならない理由があります。

　今日の私の講演が、みなさんが日本を理解し、自分が生きている世界を理解する契機となったならば、幸いです。ご清聴ありがとうございました。

Instability, the Crisis of Politics, and Social Movements

Translated by Norma Field

I would like to approach "Instability, the Crisis of Politics, and Social Movements" from the standpoint of political theory, Japanese history, and the present situation.

This is not a topic specific to Japan, but one that is universal. I will begin by offering reflections from the standpoint of thought. Given that even what is universal will find different expression depending on place and era, I will also address the history and present-day circumstances of Japanese society. But by history, I shall be referring to development since the 1970s.

1

Modernity is a time of instability. We could even say that increasing instability is the distinguishing characteristic of modernity.

Why should instability increase in modern times? I believe the reason is that modernity is founded on a respect for free will.

I am not a Christian, but I have read the Bible. There, it seems that Adam and Eve's eating of the fruit of knowledge and being expelled from paradise is presented as the first instance of humanity possessing free will. Western thinkers such as Jean-Jacques Rousseau identify free will as the origin of inequality, but they also argue that it is a motive force for progress.

Human beings, as long as they live in a community and abide by convention, are able to enjoy a sense of stability. But that would preclude economic and scientific development.

With modernity free will comes to be valorized. As modernization advances, it gives rise to inequality, instability, and political crisis.

Why does inequality give rise to political crisis? Political scientists say that it is because it leads to the decline in numbers of the middle class, associated with rational decision-making. But a little more analysis is called for here.

By middle class, we mean people who have a certain level of property beyond the minimum. Possession of property frees us from poverty. If faced with the threat of poverty and terror, human beings become preoccupied with securing food and safety and lose the capacity to act besed on reason.

But property and income are not the same thing. To increase income requires taking risks, including the risk of diminished property. That can result in instability and the risk of falling into a state of irrationality.

The philosophers of ancient Greece were well aware of these matters. Plato held that if increasing numbers of people were to sell their land for money, humans would grow distant from the idea of the Good, leading to tyrannical rule. Aristotle distinguished between chrematistics, the art of making money, and oikonomike (the original word for "economics"), the art of stabilizing life.

Hannah Arendt, who was influenced by Greek philosophy, distinguished between property and wealth. Property here is "the sense of a place of my own and that part of the world that sustains my daily well-being." Property in this case refers, for instance, to ownership of land and membership in a community.

Wealth, on the other hand, refers to one's share of the income of society as a whole. In this view, property such as land leads to a sense of responsibility toward society and political participation. Wealth, however, has to such effects and can even encourage irresponsibility and indifference.

Arendt thought that with the advent of modernity, as property became tied up with production and consumption, it was headed for destruction. This process brought instability and political crisis. Human beings cannot long endure such a situation.

In order to Stabilize their lives, people began to create communities under the social conditions of modernity. Examples are the labor union, or the modern family. The family form in which the male engages in wage labor and the female in housework is a new product of modernity.

What made the modern communal form possible was stable employment. Without men being employed over the long term, the family form in which women dedicate themselves to housework cannot materialize. It is also easier to organize men who are employed at the same workplace over an extended period into labor unions.

Employment doesn't simply mean the securing of income. Employment takes human beings and stabilizes them over a given period of time and in a given set of relations. Employment, in other words, is occupation—having, that is, occupying, a place in the world. In that sense, it may be seen as a substitute for property, fulfilling a function lost to modernity: occupying a place in the world.

Accordingly, if employment is stabilized, then it is easier for politics to be stable as well. During the 20th century, social democratic parties with labor unions as their base and conservative parties with families and churches as their base led to political stability in developed countries. We could say that both parties were able to receive community support on the presumption that they would provide stable employment.

Manufacturing was crucial to employment. Manufacturing in the 20th century generally provided stable employment to males without a high level of education. It was such men who provided stability to labor unions and families. In an era without personal computers or email, there was a huge volume of jobs in the manufacturing sector much of which is now performed by machines or outsourced overseas.

In the present age, however, neither stable industrial employment for the majority of workers nor politics resting on a base of stable labor unions is viable. This is true throughout the world. United States, the two major political parties that were dominant at mid-twentieth century have either lost power or undergone transformation.

What can we do in the face of such tendencies? We can't simply say that increasing income levels will slove the problem. GDP does not take into account property that is not traded on the market. Nor can we assert in any simple sense that increased employment would be good. The reason is that the kind of job increasingly on offer today in both Japan and the United States is irregular work, unstable employment that does not lead to the condition of occupying a stable place in the world.

It is under these conditions that, since 2011, a new kind of social movement has begun to appear in various places around the world including Japan and the United States. What I find of interest is that this movement has been taking the form of occupying places.

It is as if the people who had lost their place in the world were trying to recover them. In Egypt, New York, Spain, Hong Kong, Taiwan, and recently, in France, people having been taking over public squares and parliament buildings. There, nameless people have been giving speeches and conducting debates.

This reminds us of the value that Arendt assigned to human action. Here, the action consists of people appearing in the world and claiming a place through their speech acts. Arendt was no friend of socialism or the term "social," but she did applaud the social movements of the 1960s.

Political theory is not my specialization, so I will not continue further. Keeping the above points in mind, I will now turn to Japanese politics and social movements.

2

Let me now turn to Japanese development since the 1970s. There are certain markers in postwar Japanese history, and when I have occasion to lecture abroad, this is the story I sometimes tell.

The prime ministers of Japan change all the time, and it's hard to remember their names. So let me tell you the simplest way to keep track.

First of all, the prime ministers from 1945 to 1954 were diplomats. This is because the job of the prime minster was to negotiate with the US Occupation forces. Domestic politics might have been unstable, but the prime ministers of that era, could speak fluent English.

From 1955 to 1992, the prime ministers were regional bosses or ex-bureaucrats. During this period, bureaucrats made policy and regional bosses unified the local population. Politics and the economy were stable, but the prime ministers of this period could not speak

English.

Since 1993, prime ministers have been either the children or grandchildren of politicians. In other words, they're either second or third-generation politicians. In general, their knowledge about policy or ability to unify people does not come up to the level of the previous generation. Japanese politics and economics have become unstable. Moreover, most of the prime ministers can't speak English.

What do you think? It's easy to remember, isn't it? If you hang on to this, there is no need to remember the names of individual prime ministers.

This periodization of Japanese politics reflects the changes in Japanese society. Changes in the world, in economics, technology, local communities, political parties—all sorts of changes are represented as changes in the successive prime ministers.

These chronological markers, however, are by no means unique to Japan. 1945 marked the end of World War II, and 1991, the end of the Cold War. 1955 shortly after the death of Stalin, the end of Korean War, and compromise between the US and the Soviet Union produced a stable Cold War world order. We can see that the Japanese historical markers are in line with those of the world geopolitics.

If there is something distinctive about Japan, it is that 1973, an important marker elsewhere, does not stand out in Japan. In the other developed countries, the heightening of social movements in 1968 and the oil crisis of 1973 led to neoliberal reform and political changes in the 1980s. Numerous kinds of social movements emerged during that period. There were similar developments in Japan, but they were less conspicuous than in other countries.

This period, from the latter half of the 70s to the beginning of the 90s, is also the time when Japan as an exception attracted the interest of researchers from around the world. It is also the period when social movements were sluggish.

In order to understand present-day Japan, it is necessary to reflect on Japan in that period. There are a number of features of Japan in the latter half of the 70s through the early 90s that distinguish it from other countries.

During this period in Japan, people of low educational attainment tended to vote at higher rates than the highly educated. This is the opposite of the trend seen in other developed countries.

Further, the number of people employed in manufacturing also increased in Japan during this time. These numbers peaked in 1992. This, too, constracts is the trend in other developed countries.

What are the underlying reasons for these features?

As a matter of fact, the numbers employed in manufacturing briefly declined in Japan after the 1973 oil crisis. But they began to increase again in the latter half of the 1970s and this continued until 1992.

A number of theories have been advanced to explain this phenomenon. But whatever the reason, in the late 70s and early 80s, Japan was replacing the US and Europe as the center of world manufacturing, as manufacturing declined there. The US trade deficit with Japan was one consequence. In 1984, one-fourth of the US trade deficit with Japan resulted from exports to the US by American corporations located in Japan and orders for parts and OEM (original equipment manufacturer) contracts by American corporations.

We could say that Japan in the 1980s was the "factory of the world," holding a position comparable to China in the 2000's. Once the Cold War was over, and international environment changed, Japanese manufacturing began its decline.

Through the 1980s, thanks to the flourishing of the manufacturing sector, the employment situation and politics were stable in Japan. But this stability was of a nature that gave the impression that Japan was exceptional.

In the field of Japanese politics, Gerald Curtis's Election Campaigning, Japanese Style is a well-known work. Published in 1971, the book recounts the election campaign of a lower-house candidate from the Liberal Democratic Party, the conservative ruling party, with his local community as a base. The politicians of the LDP mobilized numerous communities—farming villages, shopkeeper and trade associations—in their vote-getting campaigns. Candidates would make "courtesy calls" on influential people in those associations and they, in turn, would mobilize their network and gather votes for those candidates.

Curtis was initially surprised by this mode of campaigning. But then he thought that in fact, it resembled the campaign style of the Democratic Party in New York in the 1950s, where he grew up. Back then, the Democratic Party would mobilize networks of immigrant communities for gathering votes by pork-barrel politics.

Curtis anticipated that modernization would force changes on this form of election campaigning. And yet, nearly fifty years later, the LDP's mode of electioneering has not changed in its essence. It is as if modernity had been stopped in its tracks.

There are two principal ways to explain why this was possible.

The first has to do with how the law (the Public Offices Election Law) has regulated elections so as to prevent new ways of contesting elections. Until 2013, it was forbidden to use the internet in elections. Political parties, moreover, to the present, cannot advertise on television, and politicians can give speeches only at specified places at given times. The basic form of this law goes back to 1925, when universal manhood suffrage was adopted, as a precaution against the growth of proletarian (those without property) political parties. The more numerous these restrictions, the greater the advantage for conservative candidates with access to community networks, specifically the Liberal Democratic Party which has dominated Japanese politics almost continuously since its founding in1955.

The second reason has to do with political efforts to stop communal disintegration. Government funds were used for public works, attempting to stem population flow from rural to urban areas and to provide subsidies to shopkeeper and trade associations. Since this aspect is relevant not just to elections, but to Japanese society as a whole, let me explain further.

It is not that individual LDP politicians were consciously trying to obstruct the onset of modernization. Rather, in order to be elected, they practiced clientelism, thereby maintaining the communities that were their political base. When faced with opposing communities or organizations they wished to crush, such as labor unions, however, the LDP often adopted neoliberal policies such as privatization rather than policies designed to help maintain communities.

Even though they lacked consistency, policies that served to maintain communities could be put into practice because there was the budget to sustain large scale public works and provide subsidies. And this was possible because Japan at the time held the position of "factory of the world," and its economy was performing well.

Such policies were successful for a time. From the latter half of the 1970s to the first half of the 1980s, the rural-to-urban population flow declined and, various measures, the income gap in Japan was at its smallest during this period, indeed it was one of the smallest among developed countries.

This was also the period when the "invention of tradition" took place all over Japan. The publishing and tourist industries flourished, and regional "traditional culture" was newly acclaimed. Regional governments and businesses set out to develop local industry and specialty products. Enka (traditional-style Japanese ballads) performances with electric guitars or electronic organs or August Bon Festival dances with the participants wearing synthetic kimonos and the music provided by large speakers and records are a product of the 1960s and beyond.

In the eyes of foreigners, Japan in those days seemed to be a society where, along with flourishing technology and manufacturing, the income gap was small, politics stable, labor and education sectors characterized by a high degree of morality, maintenance of local communities, preservation of traditional culture, and moreover, was safe.

In a word, it seemed to be a country that provided a model response to modernity's challenging problem, namely, how to have both development and stability. It was in 1979 that Ezra Vogel's *Japan as No. 1* was published. We might say that the stereotypical view of Japan persisting to this day was constructed in that period.

Yet this sort of stability was the other side of the coin of low political participation.

In the regional and trade group communities maintained by the LDP, dominance by seniors was the rule. This was linked with the exclusion of women and young people from decision-making. Those who disliked this arrangement, particularly those with high educational backgrounds, tended to leave the countryside for the major cities. This tendency was strengthened by the fact that even if they were able to obtain employment in the provinces thanks to public policy, it was often not the sort of employment attractive to the better educated types.

This meant that it was the less well educated and senior citizens who tended to stay behind in provincial constituencies. Those seniors tended to have lower educational levels than young people. Through their regional and trade networks, they voted for LDP politicians. This is what led to the higher voting rates on the part of the less educated.

What happened in the cities? To be sure, there were neighborhood and trade associations that supported the LDP in cities, too, but they were not as influential as in the provinces. At the same time, because of the modernizing / atomizing trend and the advent of neoliberal policies, labor unions were beginning to lose their ability to attract members. This led to the atomization of the urban population and the decline in voting rate.

This is hardly unique to Japan, but people who don't belong to any sort of network tend to have a low voting rate. This is because it is hard for them to feel as if they had a place in the world or to see any incentive for being interested in politics. Political science research shows that those who have resided in a given area for fewer than three years, in other words, people who don't belong to any network, have a low voter turnout in Japan.

The Japanese Public Offices Election Act forbids door-to-door canvassing, speeches in any but designated areas at designated times, and television advertising. Consequently, those who do not belong to a regional or workplace network that mobilizes votes for a political party are likely to have few opportunities for political discussion. Since these restrictions are favor politicians who have been elected under the current system, they are disinclined to change it.

To be sure, there were efforts to organize new networks in urban areas. Some of the young people who moved to the cities in the 1960s became adherents of the Buddhist group supporting the Kōmeitō, a Buddhist religious party, and others joined the youth group of the Communist Party. This led to the growth of these two parties during that period. The people mobilized by these parties tended to be the less well educated of those who migrated to the cities.

The 1960s also saw vigorous activity on the part of the New Left student movement. And from the 1960s into the 1970s, citizens' movements emerged in the cities. Intellectuals and highly educated housewives were the actors sustaining these movements. These were all developments on the part of the highly educated.

In Japan, many of the males residing in cities were absent from their neighborhoods during the day, being at workplaces located far away. Those who stayed close to home during the day tended to be farmers or self-employed people who by-and-large supported the Liberal Democratic Party. But intellectuals such as college professors, lawyers, and physicians who did not commute to work, as well as highly educated housewives unable to find jobs because of discrimination against women, also tended to be in their own neighborhoods by day. Some members of ethinic minorities such as Koreans or Ainu in Japan who were peripherized under the LDP regime participated in social movements. These were the people who became active in citizens' movements.

But in the 1980s, these activities experienced decline. The principal reason is that while the communities supporting the LDP were strengthened, the labor unions that had made common cause with the earlier citizens movements were weakened. The second reason is that along with modernization and the rise in education levels, intellectuals and students began to lose a sense of mission with respect to politics: they were, in other words, losing a sense of themselves as elites. The third reason is that as discrimination against women in employment lessened, there were fewer highly educated stay-at-home wives.

Discrimination against ethnic minorities in social security and employment also lessened and consequently collective consciousness of them also declined.

In this way, from the latter half of the 1970s into the first half of the 1990s, social movements entered a period of sluggishness. That the economy was doing well, and people had relatively few complaints, bolstered this trend.

This situation contrasted with that prevailing in other developed countries at the time. Internationally acknowledged as the "factory of the world," with policies sustaining domestic communities, Japan was able to hold post–1970 political and social change to a minimum. For this reason, too, social movements failed to expand as they did in other developed countries.

3

With the end of the Cold War, however, the situation in Japan began to change as well.

First of all, manufacturing moved overseas, with the result that the number of those employed in manufacturing in 2013 were only two-thirds of those in 1992. In order to compensate for the loss in jobs, public works projects increased, with the consequence that in 1998, construction accounted for 11 per cent of total employment. This, however, led to a huge budget deficit, and public works declined in the 2000s.

In turn, this led to the decline of regional economies and a population drain into the cities. And yet, permanent employment was hard to come by in the cities. Many of those who had migrated into the cities went to work in the construction, service, welfare and nursing care industries, but these sectors tend to offer only unstable employment. Such unstable employment now accounts for fully 40 percent of total employment.

Urban migration and the decline of public works weakened the base of the LDP. Liberalization of trade and privatization of the postal service and railroads had a like effect. Membership in the party, which amounted to 5.47 million in 1991, declined to seven hundred thirty thousand in 2012. If we look at the transformation in membership in the 2000s of the LDP chapter of Aichi Prefecture, we find that the construction and postal branches declined by ninety per cent.

Despite these changes, party politics and election campaigns remained the same. General interest in politics failed to rise. The old organizations continued to weaken, and the voting rate kept falling, but without producing a major threat to LDP rule through the

1990s.

From 1999, the LDP, in order to shore up its position, formed a coalition with the Kōmeitō, which controlled 8 million votes. In spite of this, however, from 1995, candidates officially backed by the LDP for gubernatorial races in large cities such as Tokyo and Osaka often lost. One of the reasons for this is the weakness of LDP organizing power in major cities. But it was not the Socialist or Communist Party-backed candidates who benefited, Rather, it was often famous writers or popular TV personalities.

The decline of the LDP was also reflected in who became prime minister. Once the vote-gathering base is weakened, only certain kinds of politicians can win reelection. They are the ones representing agricultural districts whose communities have survived, where representation is handed down—in other words, second and third-generation politicians. As I have already indicated, these are the people who have become prime ministers since 1993.

In other words, in Japan, loading politicians are people who have gained popularity on television and through the media, or are the relatives of famous politicians. This is a manifestation of the weakened consciousness of political participation as society lost its robustness to modernization. But this is not unique to Japan.

With politics stagnant and the economy sluggish, dissatisfaction intensified. In 2009, the LDP lost in a major upset to the Democratic Party of Japan (DPJ). Burdened with a huge deficit, however, the DPJ was unable to effect major policy changes.

These were the circumstances when the Fukushima triple disaster of earthquake, tsunami and nuclear meltdown took place. It was two months after the Egyptian revolution and six months before Occupy Wall Street. A large-scale antinuclear movement, centered in Tokyo, emerged, with two hundred thousand gathering at the prime minister's residence to protest in 2012. Each year since then, there has been a major protest movement around one or another theme.

There are several features distinguishing these movements from their predecessors. Up to the 1960s, movements relied on the mobilizing power of the networks formed by labor unions or political parties or student self-governance associations. The leading activists were members of political parties or labor unions, and participants were workers belonging to labor networks or students who belonged to self-governance networks. Movements since 2011, however, have the following characteristics:

First of all, the sponsoring organizations are small groups ranging from several dozen to a few hundred like-minded people have nothing to do with political parties or labor unions. They attract participants not through mobilization by formal organizations but by circulating information on the internet and social media.

Secondly, many of the activists are people who have failed to secure stable employment despite high educational levels, the so-called "cognitive precariat." Among the activists I know are designers, self-employed information technology specialists, adjunct lecturers, and adjunct librarians—those engaged in irregular knowledge work that has mushroomed over the past twenty years. These activists, using their particular skills, have brought IT, sound equipment, music, and design to the new movements.

Thirdly, those who gather includ men and women, young and old. They come because of information found on the internet, not because they were mobilized by specific organizations. In that sense, these movements are different from labor movements, which attracted workers, and student movements, which attracted students in earlier eras.

In the summer of 2015, a student group called SEALDs (Students Emergency Action for Liberal Democracy) emerged, and more than one hundred thousand people gathered in front of the parliament building in response to their call to oppose the security legislation. There were some reports comparing this to the 1960 anti-US-Japan Security arrangement, but in fact, they were completely different.

SEALDs is not an organization but rather a group of 200 or so like-minded people. Unlike the 1960s student movement, they did not seek to gain control of the student self-governance bodies and mobilize participants. Participants were men and women, young and old who saw the information SEALDs circulated through social media and came out of their own accord. We should probably call this not a "student movement" but a "movement sponsored by a group with 'student' in its name."

We should also note that among the members of SEALDs are students who are already saddled with 6 million or even 10 million yen's [approximately US $60.000 to $100.000] in student loans. At the same time that they are students, many are also members of the cognitive precariat. Given that official statistics show that half of Japanese college students have student loans, the economic situation of SEALDs members reflects a significant change in the Japanese student population since the economic boom of the 1960s.

What is of interest is that these movements take the form of occupying the public spaces in front of the prime minister's residence or the parliament building for a given period of time. Occupying the public space in front of Prime Minister Office and Paliament in 6pm to 8pm in every Friday was employed and continued by anti-nuclear protesters since 2012 and it was inherited by SEALDs protest in 2015. The participants in these demonstrations spoke with one another rather than privileging one or two leaders.

These features show a certain commonality with the occupy movements that arose in various parts of the world after 2011. We can say that the Japanese movements have unfolded as part of what has been going on in the rest of the world.

4

What, then, are the differences between these movements and the "new social movements" of the 1970s? And what about their ability to influence elections?

There are features that are shared by contemporary movements and the "new social movements" of the 1970s. Both emerged from groups unrelated to political parties and labor unions.

But there are distinguishing characteristics as well. In the 70s, students and highly educated women attracted attention as new actors. In the present movement, however, activists represent a broader spectrum of the "cognitive precariat" with respect to age and gender.

Participants in the 70s "new social movements" represented specific affiliations, as students, housewives, immigrants, etc. It is for this reason that the movements took the form of feminist or ethnic movements, inaugurating "identity politics."

But the current movement draws on a variety of generations and social strata. This difference is also reflected in the slogans that are used.

While many of the 70s activists invoked their specific identifying characteristics such as workers or students, the current movement uses the slogan, for example, "We are the 99 per cent." This is because it does not represent a gathering of a particular minority or those with other specific attributes. In Japan's anti-security legislation movement of summer 2015, the slogan, "Don't think you can make fools of the People," can be seen to reflect this change.

In the 1970s, those who felt excluded from political decision-making were students, highly educated women, and ethnic minorities. But today, 99 per cent of people feel dissatisfied about being excluded from political decision-making. In such a situation, "identity politics," whose point is to affirm particular identities, can no longer be effective to mobilize people as it did decades ago.

What kind of impact will these movements have on elections? That is not such a simple matter.

Keep in mind that the participants in the current movements do not have a particular social characteristic. They are not organized within a particular network. Their sole commonality is their dissatisfaction with being excluded from political decision-making.

Therefore, even though they are able to come together in protest of a particular issue, it is hard for them to offer a shared vision of the future. It is also hard for them to organize voting around a particular party or candidate. Consequently, even if scores or hundreds of thousands appear together on the stage of activism, the parties they support are various, and it is difficult for them to have an impact on elections.

This situation was caused by mismatch between society in the 21st century and a political system which was established in 20th century. Many organizations, including political parties which gained power in the 20th century, have lost represent the interests of people in the 21st century. This is one reason 99% of the people are feeling isolation from the political system. Although things might be the other way around, social movements in 21st century have failed to adopt to election system which was established in the 20th century.

In countries that have not adopted a proportional-representation system, it is virtually unknown for a party emerging from a social movement to make it to the national parliament. The Japanese electoral system consists mostly of single-seat constituencies, and it does not have a presidential system. In other words, there is no opportunity to elect a politician who represent, the entire country. Even if two hundred thousand people gather in Tokyo, it will have no direct impact on a regional election. This means that it is difficult to influence national elections.

If we inspect election results, we see that the conservative LDP-Kōmeitō coalition controls about 30 per cent of the population in each single-seat constituency. In 2009, when this coalition was defeated by the DPJ, the voting rate was an usually high 69 per cent. Furthermore, in that election, the DPJ cooperated with other opposition parties and managed to field a unified candidate in each electoral district. Such circumstances made it possible to defeat the conservative coalition even though it controls 30 per cent of the vote in each single-seat constituency.

But the DPJ administration's response to the nuclear disaster provoked despair. As a result, many DPJ supporters stopped voting. The voting rate has never exceeded 60 per cent in elections since 2012. Given these circumstances, the conservative coalition's secure command of 30 percent of the vote assures its victory. If the opposition cannot unify, conservative victory becomes even more certain.

As this situation came to be recognized, the anti-security legislation movement of 2015 began to encourage electoral cooperation among the opposition parties. Of course, it is not easy to bring about large-scale change in electoral results in a short period of time. But we can say that social movements have brought about a certain revitalization of party politics.

Im conclusion, Japan is experiencing instability, a crisis of politics, and the rise of social movements. These features are not unique to Japan, but rather, are phenomena common to the rest of the world now making their appearance within a Japanese context.

Keeping this in mind, we recognize that in order to understand Japan, we need to understand the world. At the same time, in order to understand the world, we need to understand Japan. This is why researchers from various countries need to cooperate.

I hope my talk today might serve as an occasion for you to understand Japan and the world in which we live. Thank you for your attention.

——Lecture on September 28, 2016 comprised the 11th Tetsuo Najita Distinguished Lecture in Japanese Studies at the University of Chicago. Reprinted from The Asia-Pacific Journal Japan Focus, Vol. 14, Issue 22, No. 4, November 15, 2016.

あとがき

　この本は、異なった性格のコンテンツから構成されている。映画のDVD、対談やインタビュー、観客との対話、論文、講演録、そして日記などだ。
　通常、論文や講演は学者の仕事であり、映画作りは映画制作者の仕事だ。両方を同一人物が行なうのは、あまりないことかもしれない。
　しかし本書中でも述べていることだが、私は肩書に関心はない。私は、その時点で社会にとって必要だと考えたことを、自分なりに全力でやってきた。それが結果として、論文であったり、著作であったり、時事評論であったりした。やったことがどの分野に分類されるかは、結果の問題だ。それが映画であっても、同じことである。
　こう書くと、「分野を超えた活躍」というふうに受け止める人もいるかもしれない。しかし私は、自分自身をキャラクターとして作り上げたり、演出したりすることに関心はない。
　論文や映画といった一つ一つの作品は、私という媒体を通して世の中に出たけれども、私が一人で創ったものではない。社会が記録者や分析者を必要としたとき、私でなくてもよかったのかもしれないが、私がたまたま選ばれた。できた作品は、製造責任者として私の名前を冠してあるが、私を離れてさまざまな人とさまざまな関係を結び、さまざまな化学反応を起こしていく。私はその過程の一部に関わったが、私自身は一人の人間にすぎない。
　ヨーロッパのある街で映画を上映したとき、観客から「あなたは研究者なのか、活動家なのか、映画監督なのか」と聞かれたことがある。私はそれにたいし、こう答えた。「そういう分類に関心はない。研究をしている時は研究者と呼ばれ、映画を作っている時は監督と呼ばれる。何らかの活動をしているときには、活動家と呼ばれることもあるかもしれない。しかし、娘に相対しているときは、父親と呼ばれる。

私はそのときそのときに、いちばん必要とされる役割を引き受けている。だが基本的には、ただの人間だ」。

これを本書に収録されているコンテンツに即していえば、日記は一人の人間の営みである。自分が見聞したことを、日記に書くのは、誰にでもできる表現行為だ。その内容を、他の方法でも表現するうえで、知識があれば論文という形態がありえ、映像に勘が働けば映画という形態がありえる。どういう表現形態が選ばれるかは、自分が持っている資源と、どの表現形態がテーマにいちばんふさわしいかによって決まる。そういうことだと思っていただきたい。

映画の製作と上映を機会に、さまざまな人と関係し、さまざまな国を旅し、さまざまな人と話ができた。いちばん幸いだったことは、多くの信頼関係が築けたことだ。アメリカの上映では、こう言われたことがある。「映画のインタビュイーたちは全員、インタビュアーであるあなたに、とても率直に心境を話している。あなたが彼らから信頼されている証拠だろう」。

それに私はこう答えた。「ありがたい感想だ。しかし、それは彼らが、私個人を信頼したということだけではない。彼らが、社会のために必要だと自分自身が思ったことを行なううえで、私という人間を選んで信頼したということだろう」。

インタビュイーだけでなく、映像提供者や字幕製作者たち、日本や世界各地で上映を企画してくれた人たちも、そうした信頼の対象として私を選んでくれた。願わくば、この本を手にし、DVDを通して映画を観るあなたも、そうした信頼を共有していただければ幸いである。

映画を編集してくれた石崎俊一氏、本を編集してくれた清水檀氏、そのほか校正・デザイン・制作・印刷・営業など、数多くの共同作業者に感謝したい。

2017年1月31日
小熊英二

「首相官邸の前で Tell the Prime Minister」
海外での上映：The screening in foreign countries
(詳細はhttp://www.uplink.co.jp/kanteimae/theater_en.php)

USA
09/13/2016 Oregon（Willamette University）
09/16/2016 Califorinia（University of California）
09/19/2016 Pennsylvania（Temple University）
09/20/2016 New Jersey（Princeton University）
09/21/2016 New York（New York University）
09/22/2016 Boston(Boston College)
09/23/2016 Cambridge(Harvard University)
09/27/2016 Illinois(University of Chicago)
09/29/2016 Illinois（Northwestern University）
10/03/2016 California（University of California）

Europe
02/18/2016 Berlin,Germany
02/24/2016 Ljubljana, Slovenia
03/01/2016 Regensburg, Germany
03/02/2016 Munich,Geramany
03/08/2016 Wien, Austria
03/09/2016 Zurich, Switzerland
03/11・13/2016 Heidelberg,Germany
03/14/2016 Freiburg, Germany
03/17/2016 Leipzig, Germany
03/21/2016 Lyon, France
03/23/2016 Villeneuve d'Ascq (Lille), France
03/24/2016 Paris, France
03/31/2016 Hamburg,Germany
04/08/2016 Sydney,Australia
05/02/2016 Lund,Sweden
05/04-05/2016 Barcelona,Spain
05/09/2016 Gent,Belgium
ほか、上記各国計26会場にて上映。

Asia
09/22・23/2015および11/28/2016 台湾・台北
02/01/2016 香港（香港独立映画節）
03/26・30/2016 ソウルインデペンデント映画祭
05/30/2016 ソウル人権映画祭
11/27〜29/2016 台湾・花蓮、台北、新竹

●初出
○忘れっぽいこの国で、記憶を共有し、未来の社会を成すために（2015年8月5日に行われた公開記念対談）:「web DICE」（アップリンク）2015年8月29日
○監督インタビュー①②：構成＝集英社インターナショナル・編集部
○観客とのアフタートーク：2015年7月〜9月の間に行われた試写会および劇場上映後のディスカッションを再構成。
○「震災後日記」：ハワイ大学からの依頼により執筆。
○「波が寄せれば岩は沈む」:「現代思想」（青土社）2016年3月号／"A New Wave Against the Rock: New social movements in Japan since the Fukushima nuclear meltdown", The Asia-Pacific Journal Vol. 14, Issue 13, No.2; July 1, 2016. http://apjjf.org/2016/13/Oguma.html
○「不安定、政治の危機、社会運動」"Instability, the Crisis of Politics and Social Movement", The Asia-Pacific Journal Japan Focus, Vol.14, Issue 22, No.4; November 15, 2016. http://apjjf.org/2016/22/Oguma.html（シカゴ大学での2016年9月28日の講演のため執筆。翻訳：Norma Field）

●編集協力　鋤柄美幸／糸瀬ふみ

●映像データ
2015年／日本／104分／日本語／英語／フランス語／中国語／スペイン語／ドイツ語／韓国語
[企画・製作・監督・英語字幕] 小熊英二
[字幕作成] 英語：Linda Hoaglund, Damon Farry／フランス語：Catherine Cadou／中国語：許仁碩／スペイン語：Matias Ariel Chiappe Ippolito／ドイツ語：Hans Martin Krämer und freiwillige Studierende des Instituts für Japanologie, Universität Heidelberg／韓国語：번역 조미연 (ジョ・ミヨン)
[撮影・編集] 石崎俊一
[音楽] ジンタらムータ
©Eiji OGUMA

●DVDに収録されている映像および音声を、その一部で著作者の許可なく複製することは、法律により固く禁止されています。また、イベントでの上映や、クラブでの上映、学校の授業での上映、美術館での上映など、個人で視聴する以外の目的で本DVDの上映を行なう場合には、必ず上映権利元のアップリンクにお申し込み下さい。

アップリンク（担当／眞島）
Tel:03-6821-6821　Fax:03-3485-8785
film@uplink.co.jp
www.uplink.co.jp/kanteimae/talkshare.php

首相官邸の前で

2017年3月8日　第1刷発行

著　者　小熊英二

発行者　手島裕明

発行所　株式会社集英社インターナショナル
　　　　〒101-0064　東京都千代田区猿楽町1-5-18
　　　　電話　03-5211-2632

発売所　株式会社集英社
　　　　〒101-8050　東京都千代田区一ツ橋2-5-10
　　　　電　話　読者係 03-3230-6080
　　　　　　　　販売部 03-3230-6393（書店専用）

ブックデザイン　柳谷志有（nist）

印刷所　大日本印刷株式会社

製本所　大日本印刷株式会社

©2017 Eiji OGUMA Printed in Japan
ISBN978-4-7976-9001-9　C0036

定価はカバーに表示してあります。本著の内容の一部または全部を無断で複写・複製することは法律で認められた場合を除き、著作権の侵害となります。造本には十分に注意をしておりますが、乱丁・落丁（本のページ順序の間違いや抜け落ち）の場合はお取り替えいたします。購入された書店名を明記して集英社読者係までお送りください。送料は小社負担でお取り替えいたします。ただし、古書店で購入したものについては、お取り替えできません。また、業者など、読者本人以外による本書のデジタル化は、いかなる場合でも一切認められませんのでご注意ください。

小熊英二（おぐま・えいじ）

1962年東京生まれ。社会学者。出版社勤務を経て、慶應義塾大学総合政策学部教授。『首相官邸の前で Tell the Prime Minister』で、2016年「日本映画復興奨励賞」受賞。『社会を変えるには』（講談社現代新書）で新書大賞を受賞。他の著作に『単一民族の起源――「日本人」の自画像の系譜』（サントリー学芸賞）、『〈民主〉と〈愛国〉――戦後日本のナショナリズムと公共性』（大佛次郎論壇賞、毎日出版文化賞）、『1968（上・下）』（角川財団学芸賞、以上すべて新曜社）、『生きて帰ってきた男――ある日本兵の戦争と戦後』（小林秀雄賞、岩波新書）など。

（撮影　生津隆彦）